# 新疆托木尔峰
## 国家级自然保护区地衣图谱

艾尼瓦尔·吐米尔

热衣木·马木提　　主编

买买提明·苏来曼

新疆托木尔峰国家级自然保护区地衣、苔藓植物本底资源专项调查项目

国家自然科学基金项目(No.31360009)

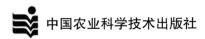

中国农业科学技术出版社

**图书在版编目（CIP）数据**

新疆托木尔峰国家级自然保护区地衣图谱 / 艾尼瓦尔·吐米尔，热衣木·马木提，买买提明·苏来曼主编 . -- 北京 : 中国农业科学技术出版社，2024.6

ISBN 978-7-5116-6804-2

Ⅰ . ①新… Ⅱ . ①艾… ②热… ③买… Ⅲ . ①自然保护区－地衣－新疆－图集 Ⅳ . ① Q949.45-64

中国国家版本馆 CIP 数据核字 (2024) 第 089357 号

责任编辑　张志花
责任校对　王　彦
责任印制　姜义伟　王思文

出 版 者　中国农业科学技术出版社
　　　　　北京市中关村南大街 12 号　　邮编：100081
电　　话　（010）82106636（编辑室）　（010）82106624（发行部）
　　　　　（010）82109709（读者服务部）
网　　址　https://castp.caas.cn
经 销 者　各地新华书店
印 刷 者　北京地大彩印有限公司
开　　本　185 mm × 260 mm　1/16
印　　张　14.5
字　　数　160 千字
版　　次　2024 年 6 月第 1 版　2024 年 6 月第 1 次印刷
定　　价　120.00 元

# Lichens Atlas of Tomur Peak National Nature Reserve, Xinjiang, China

Edited by: Ainiwaer Tumier

Reyimu Mamuti

Maimaitiming Sulaiman

Investigation project for Lichens and Mosses background resources in the Tomur Peak National Nature Reserve in Xinjiang, China

China National Natural Sciences Foundation (No:31360009)

China Agricultural Science and Technology Press

# 《新疆托木尔峰国家级自然保护区地衣图谱》

## 编委会

**主　　任：** 刘　宁（阿克苏地区林业和草原局）

**副 主 任：** 杨　纯（新疆托木尔峰国家级自然保护区管理局）

艾尼瓦尔·吐米尔（新疆大学）

买买提明·苏来曼（新疆大学）

**委　　员：** 马步信（新疆托木尔峰国家级自然保护区管理局）

孟　克（新疆托木尔峰国家级自然保护区管理局）

热衣木·马木提（新疆大学）

刘浦江（阿克苏地区天山国有林保护中心）

杨志锋（新疆托木尔峰国家级自然保护区管理局）

吐尔洪·努尔东（阿克苏地区天山国有林保护中心）

李　佳（阿克苏地区天山国有林保护中心）

苏继祥（阿克苏地区天山国有林保护中心）

**主　　编：** 艾尼瓦尔·吐米尔　　热衣木·马木提　　买买提明·苏来曼

**副 主 编：** 杨　纯　　马步信　　孟　克

**其他参编人员：** 吐尔洪·努尔东　　刘浦江　　杨志锋

李　佳　　朱红祥　　吴东升　　周　浩

苏继祥　　万　燕　　葛　瑶

# Lichens Atlas of Tomur Peak National Nature Reserve, Xinjiang, China

## Editorial Board

# 作者简介

艾尼瓦尔·吐米尔，1970 年出生于新疆阿克苏地区新和县。新疆大学生命科学与技术学院教授、博士、硕士研究生导师。1993 年毕业于新疆大学生物学系，生物科学专业，获得学士学位；1996 年 7 月在新疆大学生物系获得硕士学位；2008 年在新疆大学生命科学与技术学院取得博士学位。2003年 7 月至 10 月在瑞士 Fribourg 大学参加法语强化培训；2003 年 10 月至2004 年 7 月在瑞士伯尔尼大学生物学系群落生态学学院公派留学；2016 年10 月至 2017 年 10 月在加拿大圣玛丽大学环境科学系 Prof. David Richarson的实验室公派留学。从事生态学、保护生物学、进化生物学等课程教学。主要从事干旱区地衣生态学及环境生物评价方面的研究。主持国家自然科学基金项目 5 项、自治区自然科学基金项目 1 项、自治区高校科研计划项目 1 项，参加多项国家自然科学基金项目、国际合作项目。在国内外学术期刊已发表论文 80 多篇，其中有 8 篇被 SCI 收录，出版著作 2 部（第二作者）。

热衣木·马木提，1978 年出生于新疆库尔勒。新疆大学生命科学与技术学院副教授、博士、硕士研究生导师。2004 年硕士毕业于新疆大学生命科学与技术学院，并留校任教。2015 年 6 月获得生态学博士学位。留校任教至今，从事植物生物学、植物生物学实验、资源植物学等课程的教学。主要研究方向为地衣系统分类与进化、区系和地衣型真菌基因组学等领域。主持国家自然科学基金项目 3 项、自治区自然科学基金项目 3 项，参加多项国家自然科学基金项目。现任新疆植物学会理事、中国菌物学会会员、美国地衣苔藓学会会员。已在国内外核心期刊上发表论文 40 余篇，其中有 12 篇被 SCI收录。

买买提明·苏来曼，1963 年出生于新疆和田地区策勒县。新疆大学生命科学与技术学院二级教授、硕士研究生导师，新疆自然科学专家，新疆科学与技术协会第九届代表。1985 年毕业于新疆大学生物系并留校任教；2002年至 2003 年在日本广岛大学理学部植物系统分类及生态学 prof.Hironori Deguchi 的研究室公派留学；2004 年至 2006 年在日本广岛大学理学部学习并获得硕士学位。参加工作以来，教学方面主讲植物形态解剖与系统分类学、植物生物学、资源植物学等本科生课程；研究方面主要在植物系统分类和进化、经典及分子水平、苔藓植物学、植物活性成分的分离及其应用研究等领域开展工作，尤其对干旱区苔藓植物系统分类、新疆植物区系分布和保护及资源开发利用有较系统的研究。近年来主持承担了多项国家与省部级纵向科研项目和中美、中日合作项目，其中自 2008 年开始连续获得国家自然科学基金项目 6 项，并在此基础上，与国内及国际同行建立了良好的合作关系。在国内外期刊上已发表研究论文 130 余篇，其中 SCI 收录 20 篇。参编科研专著 8 余部。发现 9 个新物种，发现中国新记录种 40 多种，新疆新记录种 160 多种。

# 『前　言』

地衣是由地衣型真菌作为建群种（constructive species）与相应的藻类或蓝细菌作为伴生种（companion species）而结成的稳定胞外共生生命支撑系统，即菌藻共生群落[1-2]。在稳定的地衣菌藻共生群落中，除建群种和伴生种之外的多种多样的偶见种并不限于第三种生命，而是生物多样性无处不在的实际表现[3]。因此，在生物资源宝库中，地衣占有重要地位。已有资料显示全世界真菌的20%是地衣型真菌，以地衣为优势生物的植被占地球陆地面积约8%，世界范围已知地衣分隶于8纲39目115科995属，共19 387种[4]，约占已知真菌物种总数的20%[5]、子囊菌的40%[6]。我国是地衣资源极为丰富的国家之一，据专家估计，我国地衣型真菌的总数至少在3.6万种，而目前我国已知的地衣共有3 085种，隶属于445属99科28目10纲2门。占估计种数的10%～15%，占全世界已报道的地衣型真菌总种数的16%[7]。至今在中国新疆已定名的地衣共有591个分类单元，包括575种4个亚种12个变型，隶属于160属，约占世界已定名种类的2.9%、全国已定名种类的20%[8]。

新疆托木尔峰国家级自然保护区位于新疆维吾尔自治区阿克苏地区温宿县境内，保护区东起木扎特河西侧第一重山脊，西至阿依那苏冰川东侧，南临库尔干（破城子）西侧、塔克拉克北侧、科契卡拉巴西冰川、铁米尔苏冰川西侧、喀拉阿尔恰以北，北抵托木尔峰、汗腾格里峰、哈尔克他乌山，并分别与吉尔吉斯斯坦、哈萨克斯坦及我国新疆伊犁昭苏县相接，其地理坐标介于东经79°50′24.9″~80°53′37.9″、北纬41°40′0.3″~42°21′56.3″，保护区总面积380 480.00 hm²，其中核心区面积216 646.37 hm²，缓冲区面积86 642.55 hm²，实验区面积77 191.08 hm²。

20世纪80年代前关于天山托木尔峰地区地衣方面的研究资料虽未见到，但是对于整个天山山脉及新疆地区地衣的研究尚有些资料。俄国地衣学家Elenkin[9]以及刘慎谔[10]、Zhu[11]、Magnusson[12]、Moreau[13]、赵继鼎[14]等其他国家研究者在整个西天山和东天山地区，共记载了40种，其中3个新种11个变种及9个变型。20世纪80年代初，中国科学院微生物研究所王先业研究员1977年和1978年参加了中国科学院组织的托木尔峰地区综合考察，共采集地衣标本1 400余号。王先业（1985）在《天山托木尔峰地区的地衣》一文中报道了67种10变种和4变型，隶属于28属15科，其中23种3变种3变型为我国新记录，28种5变种1变型为新疆新分布，并有两个新组合[15]。阿不都拉·阿巴斯和吴继农（1998）在《新疆地衣》中记载了分布在托木尔峰自然保护区的地衣共75种，隶属于6目19科36属，另外，还有分类地位不明确的地衣1属1种[16]；艾尼瓦尔·吐米尔和阿不都拉·阿巴斯（2000）报道了分布在托木尔峰国家级自然保护区的地衣共有 120 种，分别属于 23 科 49 属 [17]。

自 2014 年以来，编者及团队成员多次在托木尔峰国家级自然保护区南坡和北坡开展地衣物种多样性及区系生态学实地调查，采集了大量地衣标本，拍摄了地衣分布区生境照片、地衣形态照片，编研成《新疆托木尔峰国家级自然保护区地衣图谱》，同时对岩面生、树皮生、朽木生地衣物种多样性、群落结构特征、生态位等进行了深入的研究，以期为保护区地衣资源科学保护和监测并评价保护区生态系统的动态变化提供参考。

本书中的地衣分类系统是以 Wijayawardene et al.[18-19]、Lumbsch et al.[20]、Hibbett et al.[21]、Wei[7]、阿不都拉·阿巴斯等 [16] 的著作为综合参考。所有物种的拉丁名、中文名及科、属名参考 The enumeration of lichenized fungi in China 和 Index Fongorum（https:// www. indexfungorum. org）等进行核对和修正。

借此机会感谢新疆大学生命科学与技术学院吾尔妮莎·莎衣丁博士对地衣种类鉴定方面提供热情帮助；感谢新疆托木尔峰国家级自然保护管理局有关领导和工作人员对本项目研究内容的施行、野外标本采集、交通和住宿等方面提供便利条件。

新疆大学生命科学与技术学院领导及同事也对我们的工作给予了大力支持，在此不胜感激！

本项目得到新疆托木尔峰国家级自然保护区地衣、苔藓植物本底资源专项调查项目；国家自然科学基金项目 (No. 31360009)：新疆天山托木尔峰自然保护区地衣区系及生态学特征的研究资助。

由于作者水平有限，可能存在不足之处，敬请读者赐教与指正。

编　者

2023 年 12 月

乌鲁木齐

# 『 Preface 』

Lichens are composite organisms that arises from algae and /or cyanobacteria living among filaments of a diversity of fungi in a symbiotic relationship[1-2]. As a result, lichens are very specialized fungi, and may date from the Early Devonian, 400 million years ago. It is estimated that, there are about 20 000 know species of lichens belong to 8 fungal classes, 39 orders, 115 families and 995 genera[3]. Lichens are found all over the world and around 8% of the terrestrial surface is covered by lichen-dominated vegetation[4]. Approximately 20% of the total number of known fungal species are lichenized[5] and of these about 40% are Ascomycetes[6]. China is one of the lichen-resource rich countries. According to one estimate, China may have over 36 000 species of lichen[7], However, at present there are only about 3 085 known lichen species in China, belonging to 445 genera, 99 families, 28 orders, 10 classes, and 2 phyla. These make up 10% to 15 % of estimated species in China and about 16% of world population[7]. Up to now, there are a total of 591 taxa of lichens in Xinjiang Uygur Autonomous Region, China, comprising 575 species, 4 subspecies, and 12 forms, belonging to 160 genera, accounting for about 2.9% of world known lichen species and about 20% of China[8].

Tomur Peak National Nature Reserve in the Xinjiang Uyghur Autonomous Region of China is a World Heritage Site established in 1980, It is famous for its c. 700 species of flowering plants and nearly 80 vertebrates including rare species such as the Snow Leopard, Northern Goat, Bearded Vulture, Black Stork, Golden Eagle, and the Hourbara Bustard. The lichens of this Heritage site have been studied for the past 30 years. The Tomur Peak National Nature Reserve site is in northwest China and the reserve provides protection for this mountain ecosystem. It is c. 380 480.00 hm$^2$ in area, of which the core area is 216 646.37 hm$^2$, the buffer area is 86 642.55 hm$^2$, and the experimental area is 77191.08 hm$^2$. The reserve is located between 79°50′ 24.9″ −80°53′ 37.9″ E and 41°40′ 0.3″− 42 ° 21 ′ 56.3 ″ N in western Wensu County in Xinjiang. It is bordered by Kyrgyzstan to the west, Russia to the north, and Mongolia to the east. The Nature Reserve is part of the Tianshan Mountain chain. To the south lie the Aksu Mountains, and to the north is Zhaosu County.

The earliest lichen records from the Tianshan Mountain chain, which is one of the largest in Central Asia, extending from Russia, through Kyrgyzstan, Uzbekistan and

Kazakhstan to north-west China, were listed by Elenkin (1901) and Vainio (1905) who studied the deserts and steppes in the western part of these mountains within Kazakhstan[9]. Between 1929 and 1934 additional research by Liu (1934) in the eastern part of the mountains extended the list of genera and Zhu[10-11], collecting in the same area, recorded eight genera and 10 species. Magnusson[12], Moreau & Moreau[13] and Zhao[14], also collecting in the eastern area, increasing the number of reported species to 40 (including three species new to science). Wang (1985) was the first to collect from the Reserve itself and identified 28 genera and 67 species; of these, 23 species, 3 varieties and 3 forms were new to China, and 28 species, 5 varieties, and one form were new distributional records for the Xinjiang Uyghur Autonomous Region[15]. Abdulla Abbas began his extensive studies of the lichens in the Reserve in 1990 and his published papers extended the list to 120 species from 49 genera and 21 families[16].

Since 2014, the author of this account and his team members have carried out field surveys of lichen species diversity and lichen ecological characteristics on the south and north slopes of Tomur peak. They visited the National Nature Reserve many times, collected a large number of lichen specimens, took habitat photos as well as pictures of the lichens and their morphology and the distribution areas. The team compiled the "Lichen atlas of Tomur peak National Nature Reserve in Xinjiang", recorded the species diversity of saxicolous, lignicolous and epiphytic lichens communities. In addition, distribution patterns, and niche characteristics were studied in order to provide information for scientific protection, monitoring and evaluation of any dynamic changes in the lichens species or diversity in the reserve.

The lichen classification system in this book is based on Wijayawardene et al.[18-19]; Lumbsch et al.[20]; Hibbette et al.[21]; Wei[7] and Abdulla Abbas et al.[16]. For assessing the scientific name and Chinese names of all lichen species, as well as family and genus names, refer to *The enumeration of lichenized fungi in China* and Index Fongorum (https:// www. Index fungorum.org) for updates, verification and correction.

We are very grateful to Dr. Hornisa Shayidin College of Life Sciences and Technology, Xinjiang University for carrying out thin layer chromatography to identify the collected species within the genera *Caloplaca*. We thank leaders of Tomur Peak National Nature Reserve.

Finally , sincere thanks to all the people who supported and helped us. These included the leaders and all the colleagues in the College of Life Sciences and Technology , Xinjiang University. They provided great support and we extend our grateful thanks to them.

Supported by: ① Special investigation project for Lichen and Moss background resources in the Tomur Peak National Nature Reserve in Xinjiang; ② China National Natural Sciences Foundation : Study of lichen flora and ecological characteristics in the Tomur Peak Nature Reserve in Xinjiang(Project No:31360009).

Because of the limitations in the knowledge the authors, it is inevitable that there are mistakes and insufficient data on a number of aspects, and we welcome readers to point out mistakes and make comments that will improve the next version of this report.

Editors

Urumqi, China

December, 2023

# 目 录
## Contents

## 黄烛衣科 Candelariaceae

## 蜈蚣衣科 Physciaceae

## 粉衣科 Caliciaceae

## 石蕊科 Cladoniaceae

## 茶渍科 Lecanoraceae

# 地衣的概念
# 及研究方法

# 一、什么是地衣？

地衣通常被称为真菌与藻类或蓝细菌——共生菌与光合共生物的共生联合复合生物体 [1-2]。实际上它是由地衣型真菌作为建群种（constructive species）与相应的藻类或蓝细菌作为伴生种（companion species）而结成的稳定胞外共生生命支撑系统，即菌藻共生群落。至于建群种和伴生种之外的所谓第三种生命则为偶见种（accidental species），如地衣体的内衣瘿和外衣瘿中的蓝细菌、地衣体的内生真菌（endolichenic fungi）、外生真菌（lichenicolous fungi）以及外生地衣（lichenicolous lichens）等 [1-3]。

地衣体由两种以上物种构建而成，这种共生关系已经存在了近 7 000 万年，是目前生物界共生关系最成功的典范。地衣是一类多年生独特的生物类群，外观虽然很像是一种单纯的植物，而实际上是由真菌和藻类共生而成的稳定复合体。地衣中的菌藻共生关系很密切，可以形成稳定的形态和特殊结构，而且地衣体中的这类特殊真菌不存在于地衣体之外的自然界 [22]。因而地衣一向被认为是生物互惠共生现象中最完善的典型。地衣的特征由参与共生的真菌所决定。因此，通常也叫作地衣型真菌（lichen forming fungi 或 lichenized fungi）[23]。

构成地衣体的真菌，绝大部分属于真菌界的子囊菌门、子囊菌纲，少数为担子菌亚门的伞菌目和非褶菌目（多孔菌目）。地衣体中的藻类为绿藻和蓝绿藻的 20 几个属。绿藻中的共球藻属（Trebouxia）、橘色藻属（Trentepohlia）和蓝绿藻（或蓝细菌）的念珠藻属（Nostoc），约占全部地衣体藻类的 90%[24]。

共生是地衣型真菌生物学特性中很主要的性状。没有真菌与藻类或蓝细菌的共生就没有地衣，而共生的影响则不同程度地反映在地衣生命活动的许多方面，使地衣在形态、生态、生理及生化等方面显示出与一般真菌有明显的区别。一方面，它们只有在同相应藻类或蓝细菌处于互惠共生中才能在自然界生存下来；另一方面，它们在许多方面所显示的不同于一般真菌的一系列独特性状可能是共生的结果，更可能是这些专化性真菌所固有的特性 [2,24]。

地衣没有根、茎、叶等分化，但它适应环境的能力很强，能耐高温、低温、干旱等。因此，从严寒的南北两极到酷热的赤道，从高山到平原，从森林到沙漠，从干燥的岩石和树皮到潮湿的土壤，甚至其他植物不能生长的地方，常常可以找到地衣。地衣是世界的拓荒者，在一片不毛世界中它是第一个登陆者，因此，人们把它称为"生物的开路先锋"[25]。地衣广泛分布于地球表面的岩石、土壤表面、植物以及一切表面结构稳定的固体基质上（图 1-1）。一般生长在岩石上的地衣被称为岩生地衣或石生地衣（saxicolous lichens）；生长在土壤表面的被称为土生地衣（terricolous lichens）；生长在植物树皮或树枝表面的被称为附生地衣（epiphytic lichens）；树附生地衣根据生长部位的不同可分为树皮生地衣（corticolous lichens）和叶表生地衣（folliocolous lichens）；生长在干木上的地衣被称为木生地衣（lignicolous lichens）；有些地衣种类生长在另一些种类的地衣体表面，被称为地衣表生地衣（lichenicolous lichens）。此外，还有些地衣种类能够生长在屋顶、废弃的汽车、玻璃瓶、路牌、墓碑等人工制作的各种基质上[26-27]。

岩面生壳状地衣（博孜墩）

地面生叶状地衣（塔克拉克）

树生壳状地衣（小库孜巴依）

朽木生枝状地衣（大库孜巴依）

**图 1-1 托木尔峰国家级自然保护区分布在不同基物上的地衣种类**

## 二、地衣体的形态与结构

### 1. 地衣体的外部形态（生长型）

根据地衣体的外部形态，地衣一般可分为 3 种生长型，即壳状、叶状和枝状[24,26]（图 1-2）。

**（1）壳状（crustose）地衣体**

是彩色深浅多种多样的壳状物，菌丝与基质紧密相连接，有的还生假根伸入基质中，因此，很难剥离。壳状地衣约占全部地衣的 80%，如生于岩石上的茶渍属

3

（*Lecanora* Ach.）和生于树皮上的文字衣属（*Graphis* Adans.）。

### （2）叶状（foliose）地衣体

呈叶片状，四周有瓣状裂片，常由叶片下部生出一些假根或脐，附着于基质上，易与基质剥离。如生在草地上的地卷属（*Peltigera* Willd.）、岩石上的石耳属（*Umbilicaria* Hoffm.）和生在岩石上或树皮上的梅衣属（*Parmelia* Ach.）。

### （3）枝状（fruticose）地衣体

树枝状，直立或下垂，仅基部附着于基质上。如直立地上的石蕊属（*Cladonia* P. Browne）、树花属（*Ramalina* Ach.），以及悬垂分枝生于云杉、冷杉树枝上的松萝属（*Usnea* Dill. ex Adans.）。

但这3种类型的区别不是绝对的，其中还有不少是过渡或中间类型，如粉衣科（Caliciaceae）地衣，由于横向伸展，壳状结构逐渐消失，呈粉末状。

壳状地衣　　　　　　叶状地衣　　　　　　枝状地衣

**图1-2　地衣体的生长型**

## 2. 地衣体的内部结构

一般根据地衣体内部结构，地衣可分为异层型地衣体（heteromerous）和同层型地衣体（homoemerous）两种。在显微镜下观察异层型叶状地衣体的内部构造，发现它是以共生菌菌丝为主体的，这些菌丝体分化为明显层次的专一结构，通常分为4层：上皮层、藻层、髓层和下皮层，往往在地衣体下表面有茸毛和假根。同层型地衣体在上下层之间并无明显的分层现象[16,24,26]。

## 3. 地衣体的附属结构

地衣具有独特的营养结构与营养性繁殖体。有些营养结构，如假根、茸毛及缘毛（cilia）等在非地衣型真菌中也有存在。然而，像杯点、假杯点、粉芽（soredia）、裂芽（isidia）、小裂片及衣瘿则只存在于地衣中，它们是地衣的独特结构[16,24,26]（图1-3）。

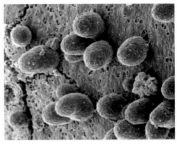

缘毛　　　　　　　　　　粉芽　　　　　　　　　　裂芽

图 1-3　地衣体的附属结构

### 三、地衣的经济价值

地衣作为先锋植物在植物群落原生演替过程中，在土壤的形成方面具有一定作用。生长在岩石表面的地衣，所分泌的多种地衣酸可腐蚀岩面，使岩石表面逐渐龟裂和破碎，加之自然的风化作用，逐渐在岩石表面形成土壤层，为其他高等植物的生长创造条件。因此，地衣常被称为"植物拓荒者"或"先锋植物"[27]。

地衣在生长过程中能产生一些独特的化学物质，其中初生代谢产物主要有地衣多糖和异地衣多糖，次生代谢产物主要是缩酚酸类及其衍生物，正是这些初生和次生代谢产物使地衣具有重要的药用价值[28-29]。如日本、泰国、中国等亚洲国家，瑞典、奥地利等欧洲国家提取地衣体内的有效成分用以治疗某些癌症、肺炎、咽炎、胃炎、肠道炎、骨髓炎、关节炎和皮肤感染等疾病。中国民间药用和食用地衣历史悠久，《中外药用孢子植物资源志要》记载了中外药用地衣共 197 种（其中，中国药用地衣 168 种，占总数的 85.3%）[28-29]。除了药用外，地衣也在民间被广泛食用。常见的食用地衣主要有树花属（Ramalina Ach.）、肺衣属 [Lobaria (Schreb.) Hoffm.] 和猫耳衣属 [Leptogium (Ach.) Gray] 等大型叶状和枝状地衣。王立松等（2013）在 30 年来对我国的主要地区进行了药用、食用地衣的民间走访调查，结合相关文献的整理，共记录了中国药用、食用地衣 126 种，隶属于 43 属 16 科[28]。

此外，地衣在国内外广泛地应用在轻工染料（有名的冰岛国出口纺织品即是用地衣染料漂染而成的），香料加工（著名的法国香水就是利用地衣体生产的）、饲料加工（加拿大、北极、我国大兴安岭及四川等地的植被基本上由地衣组成，地衣体地衣具有多糖、地衣蛋白、地衣酸等营养成分高、干重比例大等特点，被广泛用于加工生产饲料），环境监测（利用地衣体评价空气污染程度方法简单、成本低、准确率高），化学试剂（地衣资源丰富的一些国家利用地衣酸生产石蕊化学试剂）等领域[16,26]。

## 四、地衣标本的采集、制作、鉴定及保存方法

### 1. 地衣标本的采集

地衣标本的采集，不受季节限制。因为除了有些不产生子囊果的种类外，一般地衣一年四季都能产生子囊果和子囊孢子。因此，一年四季均可采集[28-30]。在地衣标本的采集过程中，首先，必须确保采集完整的标本；其次，对于不同类型的地衣需要分别对待；最后，在进行标本采集时应使野外记录尽可能详细，如地衣所生长的基质、产地名称、经纬度、海拔高度、采集人姓名、编号以及采集年月日等。

采集用具：采集刀、剪枝剪、锤子、钻子等。

其他必需品：手持 GPS、手持放大镜、钢卷尺、铅笔、采集记录手册、包装纸、小纸袋、采集袋或背包、废报纸、像素高的专业照相机等[28-30]。

#### （1）岩生地衣的采集

在裸露岩石上主要是壳状地衣，如茶渍科（lecanoraceae）、鸡皮衣科（pertusariaceae）、黑瘤衣科（buelliaceae）、石耳科（umbilicariaceae）、黄枝衣科（teloschistaceae）、橙衣科（caloplacaceae）、梅衣科（parmeliaceae）等；在有苔藓植物的岩石上，主要是叶状地衣，如梅衣科（parmeliaceae）、胶衣科（collemataceae）及地卷属（*Peltigera* Willd.）、石蕊属（*Cladonia* P. Browne）等[16]。

**岩生壳状地衣**

无论是岩石表生还是内生的一切壳状地衣通常都应使用锤子和錾子直接将生长地衣的基物敲下即可。有时生长地衣的岩石表面十分平坦，无法利用采集工具采集时，可以采用下列补救方法：① 将地衣体的完整个体进行拍照（注意应配有比例尺），拍照时特别注意突出此类地衣体上的特殊形态结构，在标本采集袋上标明该照片的图片号，以便鉴定过程中查对；② 用采集刀小心地将地衣体从岩石（或其他基质）表面剥离，被剥离部分应包括地衣体从边缘至中央的各个不同部分；③ 在野外采集记录中应注明该标本带有野外照片及其标本采集编号[28-30]。

**岩生叶状和枝状地衣**

**脐叶型地衣：**以脐状固着器紧密固着在岩石表面的叶状地衣类，通常应使用采集刀的末端将脐状固着器与岩石表面相接处切割即可。如果地衣体因干燥而易脆时，则应使用随身携带的水轻喷使之软化，然后再进行采集，以保证所采叶状地衣体的完整性。

**紧密固着型地衣：**以地衣体下表面假根紧密固着在岩石表面的地衣，应使用采集刀仔细地将地衣体从岩石表面轻轻剥下。必要时也应使用上述方法将地衣体喷湿后再行采集。

**疏松固着型地衣：** 疏松固着在岩石表面的叶状及枝状地衣用采集刀或直接用手即可采集。

### （2）土生地衣的采集

土生地衣既有壳状地衣、叶状地衣，也有枝状地衣，如橙衣属（*Caloplaca* Th. Fr.）、石蕊属（*Cladonia* P. Browne）和散盘衣属（*Solorina* Ach.）等。

**土生壳状地衣：** 无论是生长在坚硬的土质基质上还是疏松的沙土上的壳状及小鳞片状地衣，均应小心地连同基质一起采集[28-30]。

**土生叶状和枝状地衣：** 紧密或疏松地用固着器固着在土壤表面的叶状及枝状地衣可使用采集刀或直接用手即可采集，但要尽可能保证所采地衣体的完整性。

对于采自沙土上的标本应小心地用软纸将带有沙土块的标本包裹后置于随身所带的硬纸盒内，或者用刀子将长在土壤的土生地衣按地衣体的大小保证完整性的情况下挖出2 cm厚，在此标本背面的土壤上面涂上一层胶水晒干，以避免沙土散落而使标本受损。

### （3）附生地衣的采集

本类型大多附生在森林、灌丛中的树上，各种地衣在树上的分布常有其固定的部位，呈现出规律性分布。附生在树冠上的地衣，主要是枝状地衣，如松萝属（*Usnea* Dill. ex Adans.）、雪花衣属（*Anaptychia* Körb.）等；树干上部的地衣，由于树皮光滑，大多附生壳状地衣，如文字衣科（graphidaceae）、茶渍科（lecanoraceae）、鸡皮衣科（pertusariaceae）等；树干中部和基部的地衣，由于树皮粗糙，多少都贴生着苔藓植物，因此，树干的这两个部位大多附生叶状地衣，如梅衣属（*Parmelia* Ach.）、蜈蚣衣属 [*Physcia* (Schreb.) Michx.]、地卷属（*Peltigera* Willd.）等。

附生叶状和枝状地衣与岩生叶状和枝状地衣采集方法相同。附生壳状地衣无论是树皮表生还是内生的壳状地衣都应使用采集刀将生有地衣体的树皮采集下来。

## 2. 地衣标本的记录

标本采集后，放入小纸袋中，纸袋上写清采集号数，然后在采集记录册中进行记录。

## 3. 地衣标本的制作和入柜

在野外采集期间及时压制地衣标本可以避免标本受损。经压制的地衣标本，一方面可以使地衣体由立体状态变成相对的平面状态，在运输或保存时节省空间；另一方面能够增加地衣标本的坚韧性，在运输、保存或使用搬动时可以克服因脆而易碎的缺点。因为未经压制的地衣标本处于立体状态，干燥后脆而易碎，既不利于从野外安全运回目的地，又容易在保存使用时因来回搬动而使标本受损[28-29]。

### （1）叶状和枝状地衣标本的制作

无论生长在任何基质上的叶状和枝状地衣在采集之后都应趁地衣体尚处于湿润状

态时（若地衣体已经干燥，则应使用清水喷洒，使之湿润变软），使用具有吸水作用的草纸或旧报纸，如压制植物标本那样，将标本压制成蜡叶标本。在压制标本期间使标本夹处于通风处，避免暴晒。在压制标本时可以使用轻便的瓦楞纸板以代替笨重的木制标本夹。

标本压制的操作程序如下：① 将具有吸水作用的草纸或旧报纸铺展；② 将混在湿润柔软地衣体中的杂物（如苔藓植物、树叶、杂草及其他杂物）剔除干净；③ 将混在该种标本中的其他种地衣标本分开压制；④ 将剔除干净的地衣标本及其采集记录签小心地铺在具有吸水作用的草纸或旧报纸上，趁标本仍处于柔软状态时，用草纸或旧报纸覆盖后，以 2 张瓦楞纸代替木制标本夹将含有标本的草纸或旧报纸上下夹住并用塑料绳捆好，置于通风处风干；⑤ 待标本风干后连同其相应的采集记录签包装好后运回目的地；⑥ 将运回目的地的地衣标本按采集号及标本个体大小分别装入大、中、小不同的正式标本袋内，经超低温处理后按属种字母顺序入柜保存待研 [28-29]。

### （2）壳状地衣标本的制作

**岩生壳状地衣：**将生长地衣的石块按其体积大小分别装入硬纸标本盒或正式标本袋内。

**土生壳状地衣：**土生地衣，尤其是沙土生地衣在标本制作时，务必小心地设法（用胶水或软纸）将标本固定在防压的标本盒内。

**树皮生壳状地衣：**树皮生壳状地衣的制作法比较简单，可以直接将标本装入正式标本袋内。

**粉果型壳状地衣：**生长在树皮或岩石表面微型的粉果型地衣不能装入防压的标本盒内。

### （3）地衣标本的入柜程序

无论是新采集的标本，或是国内外交换的标本，或是借出后归还的标本，在入柜前务必先进行低温灭虫（卵）处理 [28-29]。

灭虫（卵）处理的方法：首先将待处理的标本置入塑料袋内密封，然后在 35℃ 或更低温的冰柜中冷冻 10 ～ 15 天。

标本入柜操作程序：① 将制作和整理好的地衣标本根据其大小分别放入不同的标本袋（盒）内；② 将含有学名、产地、经纬度、海拔、基物、采集时间、采集人、采集号、定名人、定名时间、化学成分以及标本室序号信息的标签粘贴在纸袋（盒）外；将野外的原始记录签粘贴在标本袋内，切勿随意替换或丢弃；③ 将标本纸袋粘贴在载有同一分类单位的台纸上；④ 将台纸放入标有同一分类单位学名的台纸夹子内；⑤ 将标本台纸夹按属种字母顺序存入相应的标本柜内。

新疆托木尔峰国家级自然保护区地衣图谱

地衣的概念及研究方法

8

## 4. 地衣标本的鉴定

整理采集回来的地衣标本要进行分类鉴定。实验室常用的主要有以下两种方法：地衣形态解剖法和化学鉴定法，其中化学鉴定法主要包括显色反应法（CT）、微量化学结晶法（MCT）、薄层色谱法（TLC）[16,26]。

### （1）显色反应法（CT）

此方法是直接利用各种地衣酸对不同试剂的显色反应来测定其存在与否。

① 地衣体皮层物质鉴定可将试剂直接滴在皮层表面，再用小片滤纸吸取地衣体表面的试剂，这样在滤纸上便可显示出反应的结果；② 地衣体髓层鉴定可用小刀刮去皮层，使髓层显露出来，切不可残留皮层及其碎屑于髓层上，以免影响实验的精确性。

显色反应用的主要试剂有 5 种。K：5% ~ 10% 的氢氧化钾水溶液。C：具有活性的新鲜次氯酸钙（漂白粉）饱和水溶液。KC：即将 C 加于已用 K 液做过试验的部位上。P：对苯二胺乙醇溶液。I（IKI）：取 0.5 g 碘和 1 g 碘化钾，加 20 mL 水合氯醛和 25 mL 水。

### （2）微量化学结晶法（MCT）

根据地衣酸在不同的试剂中产生各种各样的形状及不同颜色的结晶（图 1-4），来确定地衣酸的种类，从而鉴定出地衣类型。

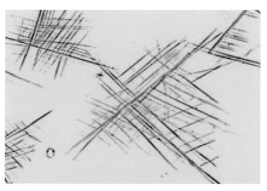

lobodirin, GE.Bar 40×

didymic acid, GE.Bar 40×

Divaricatic acid, GAAn, Bar 40×

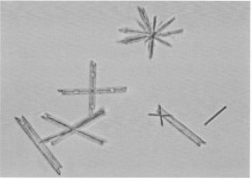

Psoromic acid, GA, Bar 100×

图 1-4　微量结晶

① 地衣体碎片放入盛有丙酮的EP管内浸泡24 h；② 提取丙酮液于载玻片上风干；③ 分别在其上滴加试剂GE、GAW、GAAn、GAo-T、KK；④ 小火加热；⑤ 室温静置冷却；⑥ 镜检、记录、检索。

### （3）薄层层析法（TLC）

有些地衣化学成分完全不能结晶，或含量过少，微量结晶法无法测出，则可运用薄层层析法测定。该方法是用观察地衣酸种类的原理鉴定出地衣标本。用微量地衣体的丙酮提取液在薄层板上点样，将薄层板放在一定溶剂系统内展开；用10%硫酸喷雾，并在110 ℃加热至显色，根据参照物确定样品的Rf区、Rf值，以确定所含物质（图1-5）。

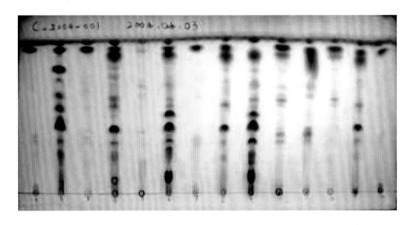

图1-5　地衣中的化学物质（展开剂为C系统、层析板20 cm×10 cm）

### 5. 地衣标本的保存

将上述采集鉴定后的地衣标本按照编号或者字母的升降顺序进行保存，以便查询研究。

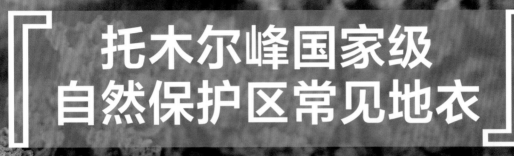

# 托木尔峰国家级
# 自然保护区常见地衣

# ■『 皮果衣 *Dermatocarpon miniatum* (L.) W. Mann 』

[ 属名 ] 皮果衣属 *Dermatocarpon* Eschw. [ 形态 ] 地衣体单叶型、革质、刚硬、湿时柔韧，轮廓近圆形，直径 1~7 cm，周边多波状，上表面灰色、灰褐色或近橄榄褐色，常被淡灰白色粉霜或否，无光泽；下表面裸露，无假根，黄色、锈红色至暗褐色，以中心脐固着于基物。子囊壳埋生，近球形，于地衣体上表面露出褐色点状的孔口；壳壁浅色，近孔口周围部分呈暗褐色；子囊 8 孢子；孢子无色，单孢，椭圆形或长圆形，具油滴[15-16]。
[ 生境 ] 岩生。[ 分布 ] 大库孜巴依、小库孜巴依、北木扎特河谷周边、琼台兰河谷地。

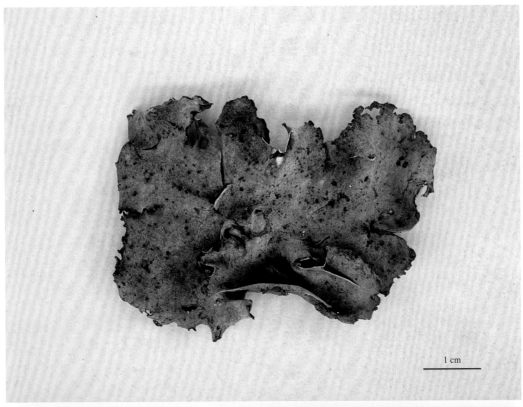

## ■『 长根皮果衣 *Dermatocarpon moulinsi* (Mont.) Zahlbr. 』

[ **属名** ] 皮果衣属 *Dermatocarpon* Eschw. [ **形态** ] 地衣体单叶状，近圆形，直径 2~4 cm，较厚实，周边不规则裂开；上表面铅灰色或灰褐色，被有少量粉霜，凹凸不平，强烈皱缩；下表面黑褐色或褐色，密生同色长假根，多数单一，少数顶端分叉。子囊壳深埋于地衣体之中，仅以黑点孔口露于地衣体上表面[15-16]。[ **生境** ] 生于高山岩石上。[ **分布** ] 北木扎特河谷周边。

## 『 短绒皮果衣 *Dermatocarpon vellereum* Zschacke 』

[ 属名 ] 皮果衣属 *Dermatocarpon* Eschw. [ 形态 ] 地衣体单叶型，直径 1.5~4.5 cm，周边波曲起伏并是撕裂型浅裂；上表面灰白色至暗灰色，局部稍带褐色色度，被薄的灰白色粉霜；皮层较薄，厚 0.6~0.7 mm，边缘部分的皮层厚 0.3 mm 左右；下表面暗褐色至黑褐色，密生绒毯状假根，在放大镜下，假根呈暗褐色至黑褐色的粗短树状分枝型。子囊壳散生于上表面[16]。[ 生境 ] 生于山坡岩石上。[ 分布 ] 北木扎特河谷周边。

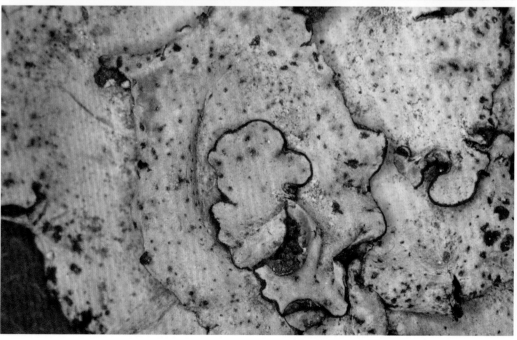

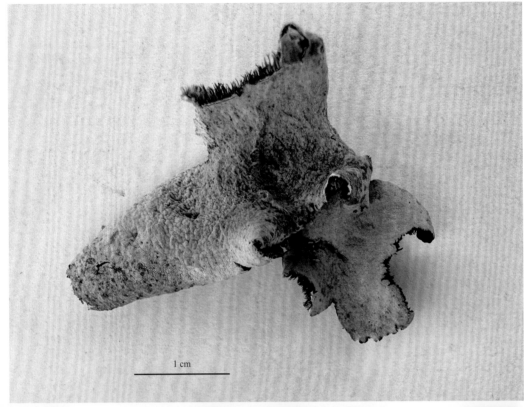

## 『 中华石果衣 *Endocarpon sinense* H. Magn. 』

[属名] 石果衣属 *Endocarpon* Hedw. [形态] 地衣体鳞片状，鳞片离生，污黄褐色或近褐色；鳞片平滑但不透明，中部稍微凹下，边缘紧贴于地面，轮廓多少整齐或略波状。子囊壳众多；孔口褐黑色，轻微突出，亚球形，壳壁完全黑色；子实层藻细胞球形，或 2 个藻细胞相连接，子囊 2 孢子；孢子砖壁形，具众多细胞，褐色[16]。[生境] 林下裸地土生。[分布] 塔克拉克、博孜墩。

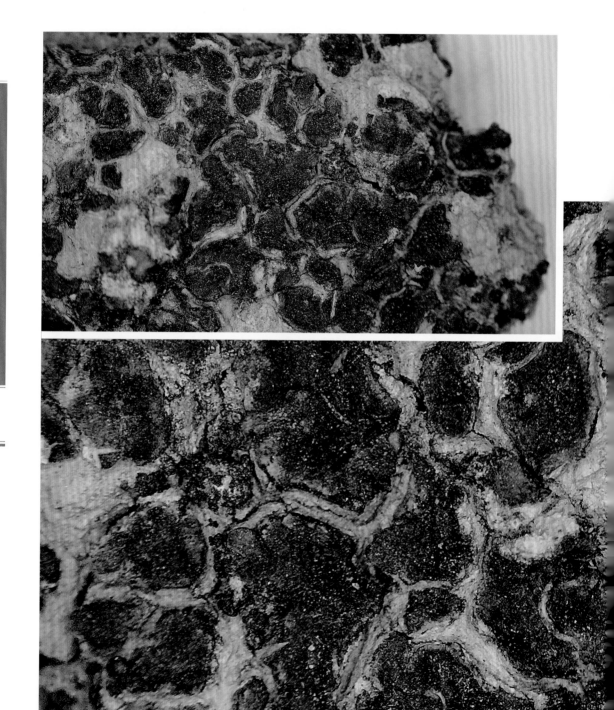

# 『 核斑衣 *Thelidium pyrenophorum* (Ach.) Korb. 』

[ **属名** ] 核斑衣属 *Thelidium* A. Massal. [ **形态** ] 地衣体龟裂状，龟裂片宽达 1.5 mm，平至凸，深灰色至灰色，厚度中等 0.5~0.7 mm，每龟裂片上具有 1~3 子囊壳；下地衣体灰色或土黄色，有时不明显。子囊壳常见，分散半埋生，球状，直径 0.4~1.0 mm；囊盘被上部黑褐色或褐色，基部浅色或几乎黑色。子囊含 8 子囊孢子，(60~78) μm×(20~25) μm；子囊孢子椭圆形至纺锤形，无色，双胞，(19~28) μm×(9~15) μm。[ **生境** ] 生于山地岩石上。[ **分布** ] 塔克拉克。

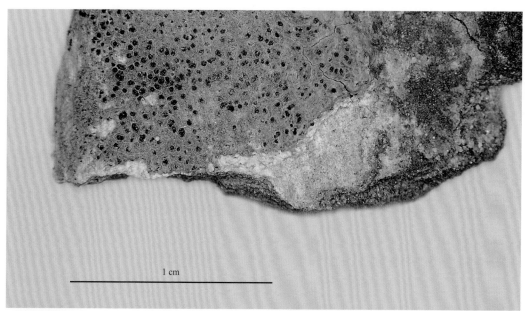

1 cm

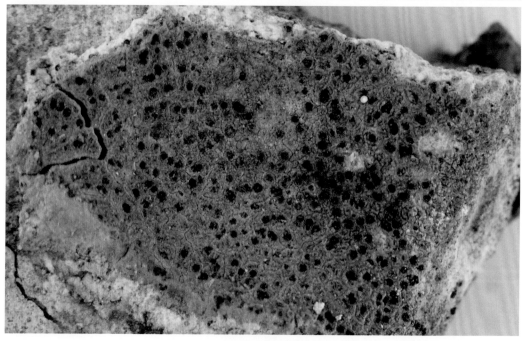

# 『 灰微孢衣 *Acarospora cinerascens* J. Steiner 』

[ **属名** ] 微孢衣属 *Acarospora* Massal. [ **形态** ] 地衣体中部龟裂，边缘莲座状，边缘莲座状裂片紧贴于基物生长，中部龟裂片形状各式各样，以柄固着在基物上，裂片边缘与基物分开或紧贴于基物，中部裂片 0.2~4 mm；上表面白色或微黄白色，具有较厚的粉霜，表面光滑或粗糙，有时具有浅裂；上皮层假厚壁组织，上部分颗粒状，下部分透明，厚度为 65~90 μm；一个裂片上 1~3 个子囊盘，但通常为单生，形状圆形或没有规则，埋生，有些成熟的子囊盘周围具有放射状裂纹；盘面黑褐色至黑色，表面光滑鲜有裂纹，具有少量粉霜，非常薄[33]。[ **生境** ] 岩生。[ **分布** ] 塔克拉克。

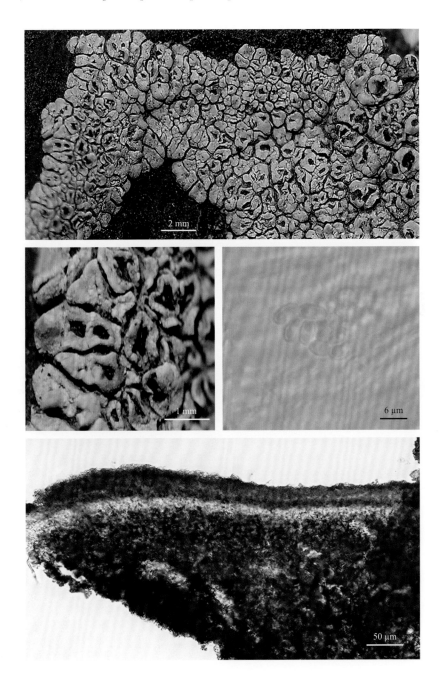

## ■『 包氏微孢衣 *Acarospora bohlinii* H. Magn. 』

[ **属名** ] 微孢衣属 *Acarospora* Massal. [ **形态** ] 地衣体放射状，中部龟裂，地衣体形状呈圆形，边缘裂片长而分叉，疣状，表面不平展，中部龟裂片圆角或棱角，表面平展，偶见疣状龟裂片，大小为 0.3~1.5 mm，上表面深褐色，无光泽，表面光滑，无粉霜，裂片表面有点状子囊盘，类似分生孢子器；上皮层外有一层透明的外皮层，薄而不规则，上皮层假薄壁组织，细胞圆形或不规则，非常明显，直径为 2.5~8 μm，上皮层厚度为 25~45 μm；藻层均匀，厚度可达 150 μm，藻细胞大小为 7~15 μm；子囊盘圆形，有时不规则，一个裂片上有 1~2 个子囊盘，通常为 1 个，子囊盘边缘微凸出，宽度为 0.5~1.3 mm，盘面深红褐色至黑褐色，光滑或粗糙，无粉霜；上子实层红褐色，宽度为 10~27 μm，子实层透明，厚度为 70~90 μm，I + 深蓝色或绿色，囊盘被透明，宽度为 15~22 μm，子囊盘两边宽度扩展至 60 μm[33]。[ **生境** ] 岩生。[ **分布** ] 塔克拉克。

# 『 戈壁微孢衣 *Acarospora gobiensis* H.Magn. 』

[ **属名** ] 微孢衣属 *Acarospora* Massal. [ **形态** ] 地衣体莲座状，中部龟裂状，周边分裂，形态不定形，直径 2~10 cm，鲜黄色或柠檬黄色；裂片长 1.8~4 mm，阔 0.4~1.5 mm，长而整齐，不分叉，仅有时在顶端 2~3 叉缺裂，凸起，光滑无斑点，在全长间有横裂缝；沿周围地衣体边缘明显地紧贴在另一个之上；龟裂片直径 0.4~2 mm，厚 0.4~0.6 mm，有棱角，为裂缝所隔离，微凸起，具垂周的壁，先滑或具有细裂缝[15,16,33]。[ **生境** ] 岩生。[ **分布** ] 博孜墩、大库孜巴侬。

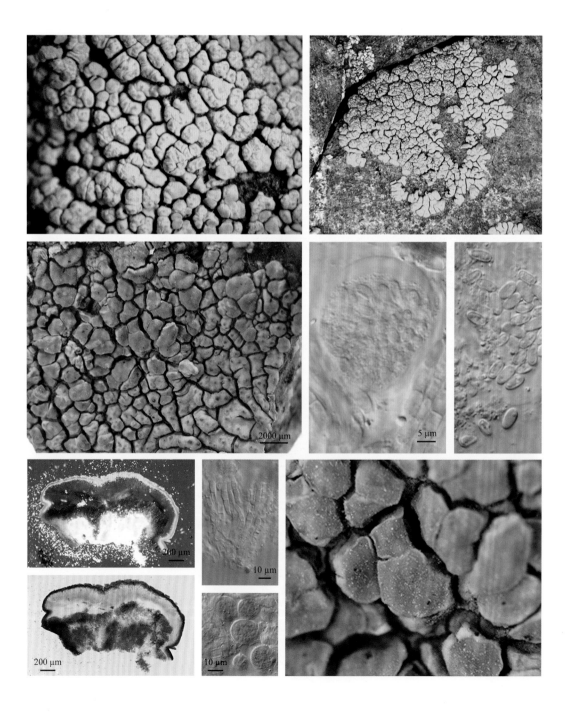

# ■『 托敏氏微孢衣 *Acarospora tominiana* H. Magn. 』

[ **属名** ] 微孢衣属 *Acarospora* Massal. [ **形态** ] 地衣体鳞片状，鳞片阔 0.5~1 mm，厚度可达 0.2 mm；近圆形或不规则形，深褐色，离生或群集，生于岩石上；下表面黑色，脐形。子囊盘单个或数个一起埋生于鳞片内；子囊内孢子极多[16]。[ **生境** ] 岩生。[ **分布** ] 博孜墩、大库孜巴依。

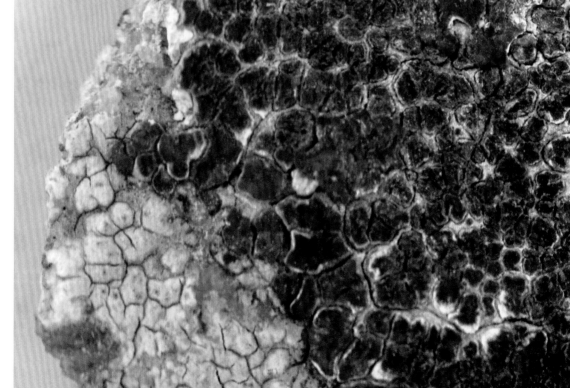

## ■『 荒漠微孢衣 *Acarospora schleicheri* (Ach.) A. Massal 』

[ **属名** ] 微孢衣属 *Acarospora* Massal. [ **形态** ] 地衣体疣状龟裂至鳞片状，集生，生长于土壤中，通过由菌丝形成的根茎紧贴于基物，地衣表面凹凸不平，不平展，裂片之间有裂缝，地衣体表面有粉霜，因粉霜有些裂片表面显得黄白色，裂片表面粗糙或光滑，无光泽，形状无规则，裂片大小为 0.3~2.7 (3.2) mm，厚度可达 270 µm；上皮层上部分黄色，下部分透明，假厚壁组织至假薄壁组织，厚度为 40~80 µm，藻层不均匀，被菌丝隔开，厚度为 90~130 µm；髓层白色，假厚壁组织，菌丝壁厚，髓层厚度可达200µm；子囊盘埋生或与地衣体同一个水平，形状圆形或近圆形，盘面黑褐色或褐色或与地衣体同色，表面粗糙，有细纹，有粉霜或无粉霜；囊盘被不明显；上子实层黄褐色，厚度为 10~18 µm，子实层透明，厚度为 80~130 µm，I + 蓝色，副子实层透明，厚度为 30~55 µm，子囊棒球状，包含超过 100 的孢子，子囊孢子椭圆形至近球形，大小为 (3~7) µm×(2~4.5) µm，侧丝分枝分隔，宽度为 1~2.5 µm，顶端无扩展或者扩展至5µm[15,16,33]。[ **生境** ] 土生。[ **分布** ] 博孜墩、大库孜巴依。

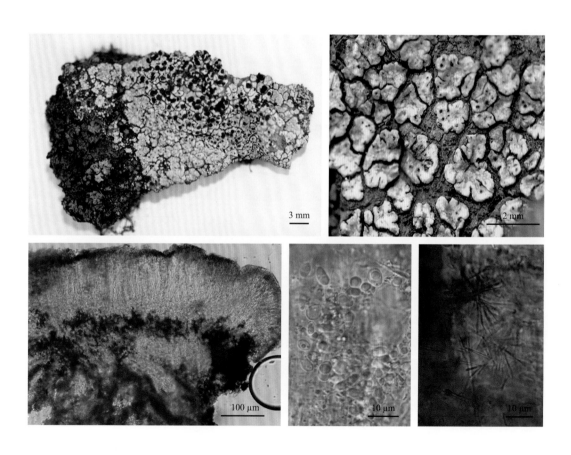

# 『 炭黑网盘衣 *Sarcogyne algoviae* H. Magn. 』

[ **属名** ] 网盘衣属 *Sarcogyne* Flot. [ **形态** ] 地衣体基物内生；子囊盘网衣形，沿着岩缝生长的，单生及 2~3 个聚生，适当地贴生于基物表面，圆形，也可见弯曲的类型，直径为 0.3~1.3 mm。盘面黑色（潮湿时深红褐色），较光滑，略有光泽，无粉霜；盘缘黑色，略凸起或与盘面同一个平面，具光泽，全缘（未裂开），偶尔可见波状弯曲的；子囊棒状或柱状，大小为 (59~87) μm×(11~20) μm，含有 100 以上孢子；子囊孢子无色、单胞、椭圆形，偶尔可见弯曲或球形的，大小为 [ (3.3~) 3.6~7.0 (~8.0) ] μm×(2.1~3.0) μm，球形的直径为 1.7~2.8 μm[33]。[ **生境** ] 山地石灰石生。[ **分布** ] 塔克拉克。

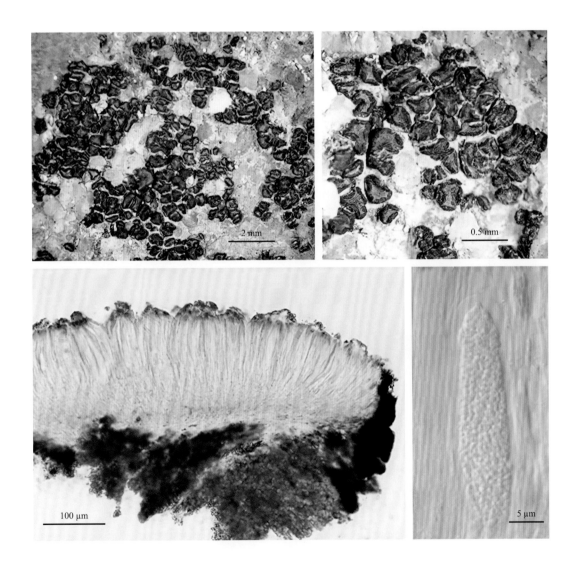

# 『 糙聚盘衣 *Glypholecia scabra* (Pers.) Müll. Arg. 』

[属名] 聚盘衣属 *Glypholecia* Nyl. [形态] 地衣体鳞片状，单生或多数合生，鳞片近圆形，周围分裂；裂片较短，顶端圆形；上表面淡褐色，被厚的白色粉霜，使上表面呈黄白色或灰白色外观，具有波状皱纹或网状龟裂；下表面灰白色或淡褐色，以中部脐固着。子囊盘褐色，半埋生于地衣体中，多数子囊盘聚生，呈复合的子囊盘，盘面粗糙，不被粉霜[15-16]。[生境] 山地岩生。[分布] 塔克拉克。

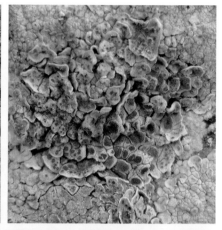
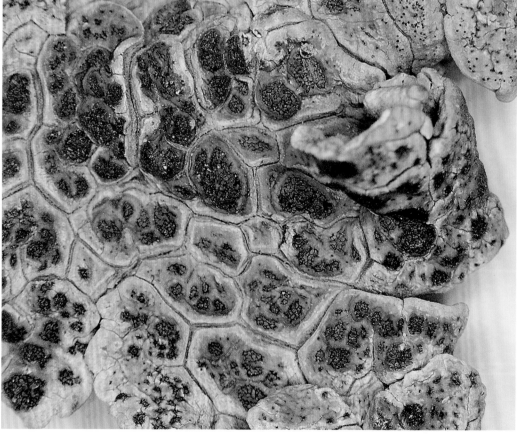

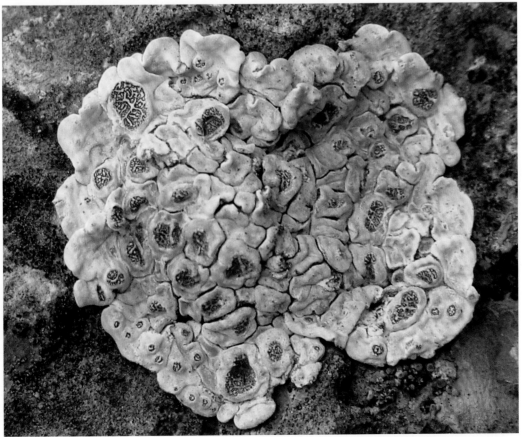

## ■『 疏展茶渍 *Candelariella efflorescens* R. C. Harris & W. R. Buck 』

[属名] 黄茶渍属 *Candelariella* Muell. Arg. [形态] 地衣体丰富，壳状，无规则锯齿龟裂，颗粒状至亚鳞片状；上表面黄色至黄绿色，光滑，表面有粉芽，粉芽集成粉芽堆；粉芽黄色，直径15~45 μm；藻类成分是绿藻；子囊盘不常见，茶渍型，宽0.5~1.5 mm；边缘完整至覆盖粉芽；盘扁平至微凸，黄色，橄榄绿色或褐色；囊层基透明，囊层被颗粒状，黄色至褐色；子实层透明，I+蓝色，侧丝细长，不分支；子囊棒状，孢子26~32个，大小为(45~52) μm×(15~17) μm；子囊孢子透明，单一，有时双胞，椭圆形，大小为(12~17) μm×(2.5~4) μm；无分生孢子。[生境] 树生、鲜土生。[分布] 大库孜巴依。

# 『 油黄茶渍 *Candelariella oleifera* H. Magn. 』

[ **属名** ] 黄茶渍属 *Candelariella* Muell. Arg. [ **形态** ] 地衣体发育微弱，多颗粒状，蛋黄色；子囊盘直径 0.7~1.2 mm，独生或 2~3 个在一起；盘平，金黄绿色；托缘膨胀，轻微地高出围绕着；侧丝顶端不加粗；囊层基无色，含有油滴，油滴大小为 3~10 μm；子囊 8 孢子；孢子椭圆形，单胞，大小为 (17~21) μm×(6.7~7) μm[16]。[ **生境** ] 岩生。[ **分布** ] 大库孜巴依。

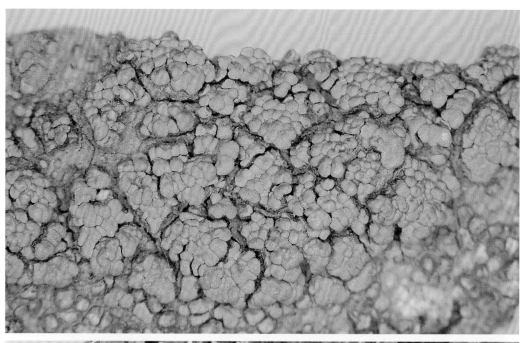

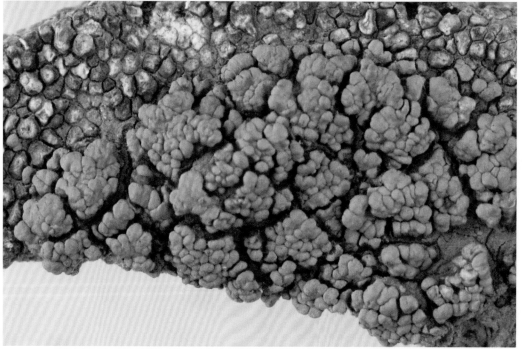

# ▌『 同色黄烛衣 *Candelaria concolor* (Dicks.) Arnold 』

[ **属名** ] 黄烛衣属 Candelaria Massal. [ **形态** ] 地衣体微型小叶状，近圆形，生长范围可达 4 cm，与基物结合较紧密；上表面黄绿色至黄色，稍有光泽；裂片微小、扁平，宽 0.2~1.0 mm，长 0.5~1.0 mm；裂片末端以及末端下方生有大量粉芽，常散布到地衣体上表面，粉芽颗粒状，直径 62~75 μm；下表面有皮层，白色，具同色的假根，扁平而短，表面粗糙，末端往往多分叉。绿藻层不连续，藻细胞堆往往凸出到上皮层和髓层，厚 36~60 μm；髓层菌丝疏松交错成网状，厚 24~60 μm，下皮层由 2~3 层假薄壁组织构成，厚 14~17.2 μm，子囊盘罕见，直径 0.8 mm[15-16]。[ **生境** ] 多生于沿河两岸树皮上。[ **分布** ] 北木扎特河谷阿拉散附近、琼台兰河山谷。

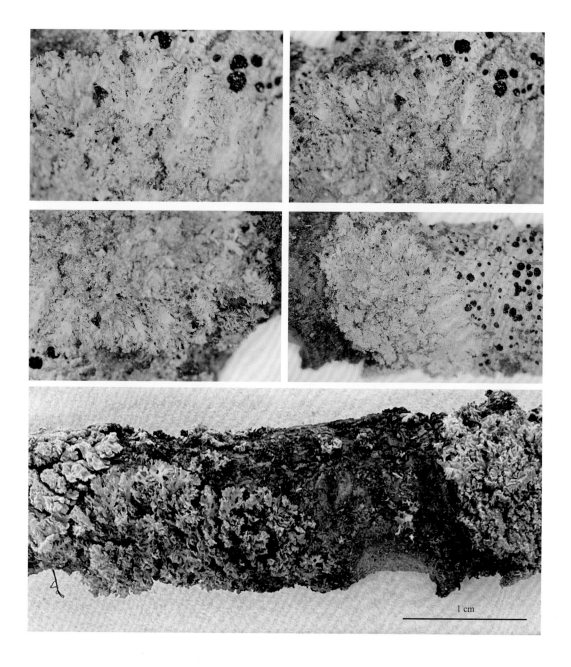

1 cm

# 『 污白雪花衣 *Anaptychia ulothricoides* (Vain.) 』

[ **属名** ] 雪花衣属 *Anaptychia* Koerber. [ **形态** ] 地衣体叶状，深灰色或污白色，莲座丛状，多少分裂，裂片在中部多少有皱褶，无粉芽或裂芽；下表面白色并起皱，有皮层，具有众多假根，假根与地衣体同色，密分枝，长 3~4 mm[15-16]。[ **生境** ] 树生。[ **分布** ] 木扎特河谷地、大库孜巴依。

## 『 密集黑蜈蚣衣 *Phaeophyscia constipata* (Nyl.) Moberg 』

[ **属名** ] 黑蜈蚣衣属 *Phaephyscia* Moberg. [ **形态** ] 小型，具有众多分裂的裂片，裂片狭长，阔 0.3 mm，上翘，呈枝状，端尖或圆形；上表面淡灰绿色，下表面微白色，具有白色至微黑色的假根；裂片边缘具有白色缘毛[16]。[ **生境** ] 树生。[ **分布** ] 博孜墩、大库孜巴依。

# 『 斑面蜈蚣衣 *Physcia aipolia* (Ehrh. ex Humb.) Fürnr. 』

[ **属名** ] 蜈蚣衣属 *Physcia* (Schreb.) Michaux. [ **形态** ] 地衣体叶状，常莲座状，紧密贴生于基物；上表面灰白色，裂片多为二叉分裂，辐射状；下表面白色，具缘毛，具假根，假根白色。子囊盘黑色，有时被白色粉霜，盘缘与地衣体同色；分生孢子器可见，埋于地衣体内，孔口呈黑色圆点状，分生孢子杆状。子囊盘茶渍型，子囊 (18~20) μm × (6~10) μm。[ **生境** ] 树生、朽木生和岩生 [15-16]。[ **分布** ] 北木扎特河谷地。

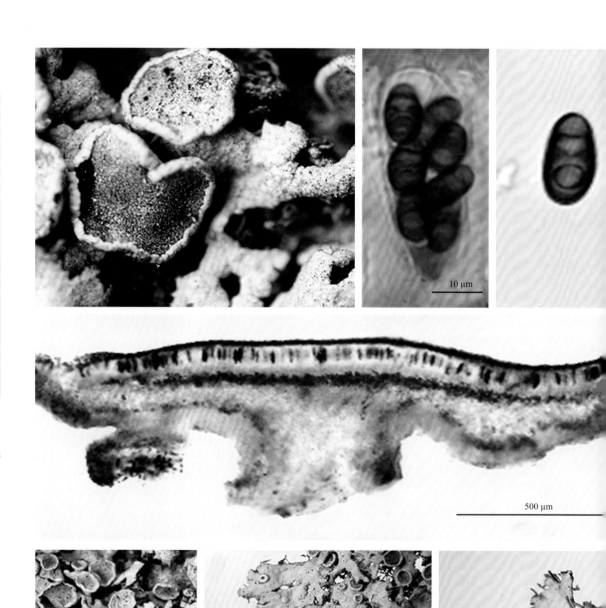

# 『 蜈蚣衣 *Physcia stellaris* (L.) Nyl. 』

[ **属名** ] 蜈蚣衣属 *Physcia* (Schreb.) Michaux. [ **形态** ] 地衣体圆盘形，叶状；上表面灰白色、灰绿色至绿色，裂片不规则状，裂片顶端与地衣体同色或加深至深灰色，扇形，不规则分叉；具缘毛；下表面浅至深褐色，具假根，假根单一，不分枝，有时身处于地衣体边缘。子囊盘深灰色至黑色，表面被粉霜，盘缘与地衣体同色或呈深灰、蓝黑色。子囊盘茶渍型[15-16]。[ **生境** ] 树生。[ **分布** ] 木扎特河谷地。

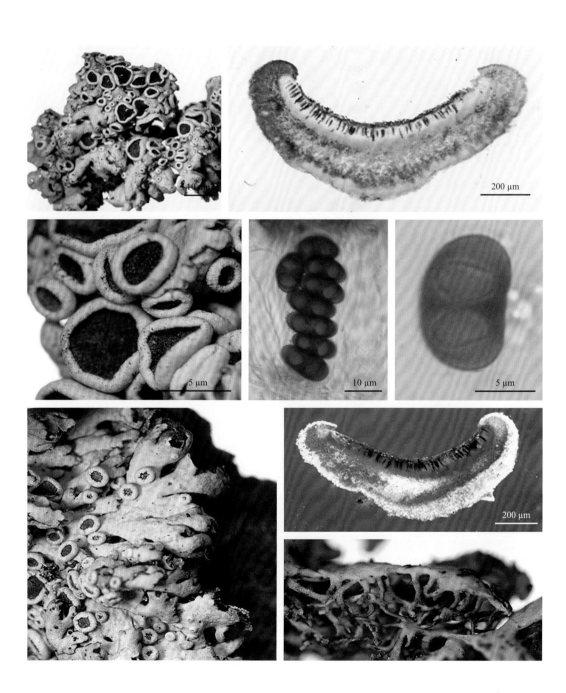

## 『 蓝黑蜈蚣衣 *Physcia caesia* (Hoffm.) Hampe ex Fürnr. 』

[ **属名** ] 蜈蚣衣属 *Physcia* (Schreb.) Michaux. [ **形态** ] 地衣体叶状，莲座状，紧密附着基物生长；上表面灰白色或蓝灰色，裂片二叉分枝，裂片边缘颜色较深，具粉芽堆，聚集生长在中部，球状；下表面白色至棕色，具缘毛。未见子囊盘。[ **生境** ] 岩生、朽木生 [16]。[ **分布** ] 塔克拉克。

# 『 伴藓大孢衣 *Physconia muscigena* (Ach.) Poelt 』

[ **属名** ] 大孢蜈蚣衣属 *Physconia* Polet. [ **形态** ] 地衣体叶状；不规则，通常 10 cm 大，上表面可见微白色的粉霜，上表面淡褐色或暗褐色；裂片边缘向上翘起；下表面黑色，裂片边缘略浅；具黑色糙状假根，分枝。未见子囊盘。[ **生境** ] 多生于地上和岩石土层，与苔藓伴生，是适于多种生境的广种[16]。[ **分布** ] 琼台兰河谷地、木扎特河谷、托木尔冰川槽谷、土盖别里齐冰川槽谷。

## 『 甘肃大孢衣 *Physconia kansuensis* (H. Magn.) Wu 』

[属名] 大孢蜈蚣衣属 *Physconia* Polet. [形态] 地衣体直径2~3 cm，疏松贴附，灰褐色或淡褐色，局部多少灰白色粉霜，裂片长5~10 cm，阔1~1.5 cm；下表面假根长达0.5 mm，暗色。子囊盘稀少，直径1~1.5 mm，子囊通常6孢子；孢子暗褐色，多在隔壁处缢缩，壁适度并均匀加厚[16]。[生境] 朽木生、土生。[分布] 托木尔峰北坡。

# 『 包氏饼干衣 *Rinodina bohlinii* H. Magn 』

[ **属名** ] 饼干衣属 *Rinodina* (Ach.) Gray. [ **形态** ] 地衣体淡砖红色或棕色，龟裂，龟裂片边缘浅裂，凸起，表面光滑，子囊盘开裂出（初生子囊盘），具有白色粉霜；裂片大小为 0.45~0.75 mm，地衣体厚度 0.60~0.80 mm；皮层透明，厚度为 50.0~90.0 μm，由假薄壁组织的菌丝组成，在偏振光可观察到具有较多的白色晶体；藻层 140.0~360.0 μm，藻细胞为共球藻，大小 11.5~25.5 μm；髓层 445.70~690.80 μm，在显微镜下呈深灰色，在偏振光下无晶体呈浅灰色 [34]。[ **生境** ] 朽木生、树生、岩生。[ **分布** ] 小库孜巴依。

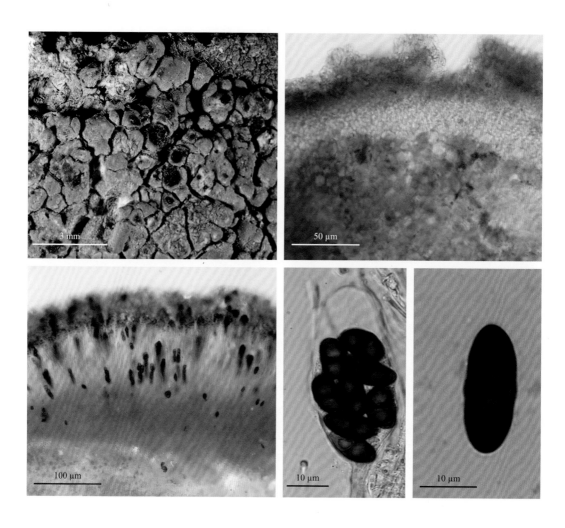

# 『 蒙古饼干衣 *Rinodina mongolica* H. Magn. 』

[ **属名** ] 饼干衣属 *Rinodina* (Ach.) Gray. [ **形态** ] 地衣体壳状，浅灰色至米色，无光泽，不规则，稀少，表面粗糙，具有白色粉霜，紧密地贴着于基物，边缘不确定，地衣体的直径为 0.5~0.8 mm，厚度 0.25~0.35 mm，无柄；皮层厚度 20~40 μm，难以观察菌丝细胞；子囊盘众多，盘面黑色，边缘米色，扁平或凸起，散生，无柄，固着于基物之上，子囊盘的直径 0.30~0.40 mm，厚度 0.35~0.45 mm；子囊 Lecanora 型，包含 8 个褐色孢子，大小为 (70~85) μm×(20~35) μm，分生孢子器未见 [34]。[ **生境** ] 树生。
[ **分布** ] 塔克拉克。

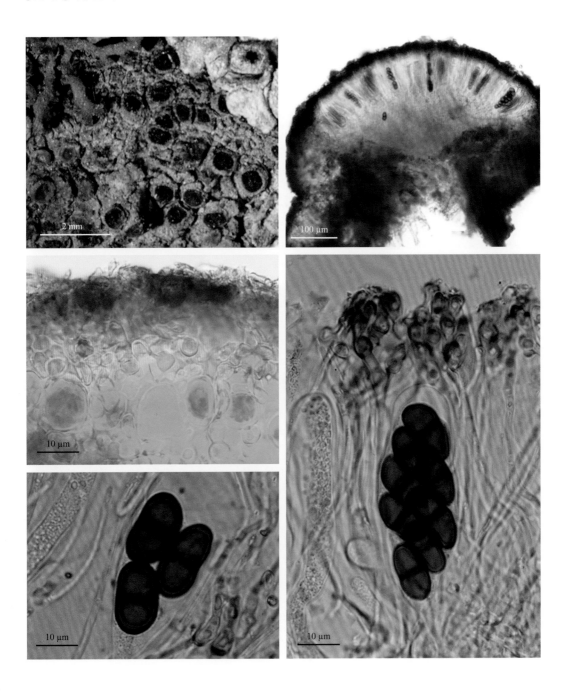

# 『 密果饼干衣 *Rinodina pycnocarpa* H. Magn. 』

[ **属名** ] 饼干衣属 *Rinodina* (Ach.) Gray. [ **形态** ] 地衣体壳状，浅灰色至深灰色，浅裂，表面粗糙而凹凸不平，以柄固着，无规则，逐渐扩展，无光泽，紧贴基物生长，裂片大小为 0.6~1.3 mm，地衣体厚度 0.52~0.59 mm。子囊盘频繁，盘面黑色，单生、埋生或固着，表面有细纹，凹凸不平，每个地衣体裂片开裂出 1 个，子囊盘直径 0.4~0.7 mm，子囊盘厚度 0.2~0.35 mm；子囊 Lecanora 型，包含 8 个孢子，直或弯曲子囊大小为 (65.5~90.5) μm×(20~35) μm；子囊孢子褐色双胞[34]。[ **生境** ] 树生。[ **分布** ] 塔克拉克。

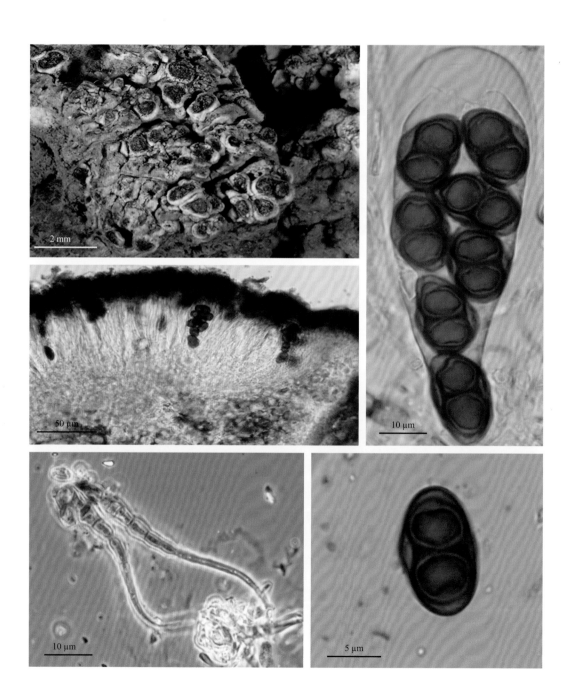

# 『 亚黑饼干衣 *Rinodina subnigra* H. Magn. 』

[ **属名** ] 饼干衣属 *Rinodina* (Ach.) Gray. [ **形态** ] 地衣体壳状，连续而均匀，龟裂，沙黄色，表面光滑凸起，往往弯曲，裂片大小为 0.30~0.55 mm，地衣体厚度 0.33~0.42 mm，皮层较薄，很难观察到菌丝细胞，厚度 35~65 μm。子囊盘众多，单生、埋生或固着，无柄，丰富，表面光滑而凸起，干燥时变成暗褐色或者黑色，湿时变成褐色；果托完整，清晰可见；子囊盘直径 0.20~0.60 mm，厚度 0.45~0.65 mm；子囊 Lecanora 型 [34]。

[ **生境** ] 岩生。[ **分布** ] 塔克拉克。

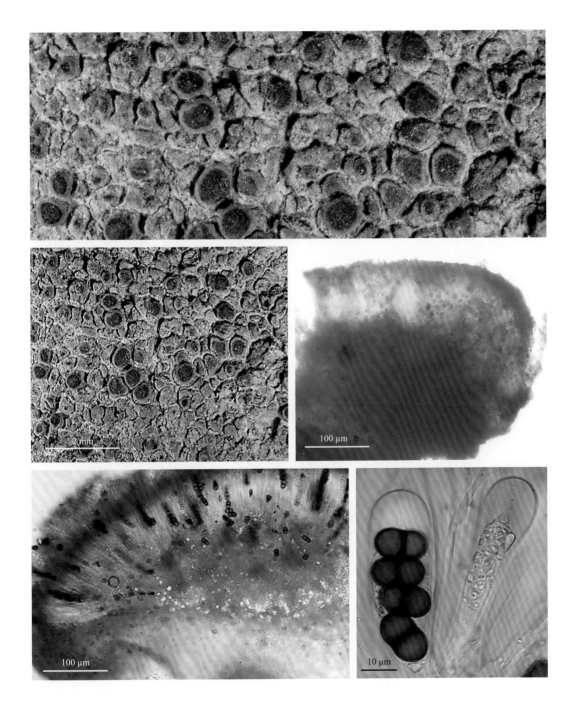

## ▌『 漆毛黑瘤衣 *Buellia vernicoma* (Tuck.) Tuck. 』

[ **属名** ] 黑瘤衣属 *Buellia* De Not. [ **形态** ] 地衣体微细颗粒状，微绿色至微黄灰色，颗粒圆形，分散或群集成为薄的、有裂缝的壳状。子囊盘微细至小形，直径 0.15~0.40 mm；贴生；子囊盘平至微凸型，黑色 [16]。[ **生境** ] 生于林下朽木上。[ **分布** ] 大库孜巴依、博孜墩。

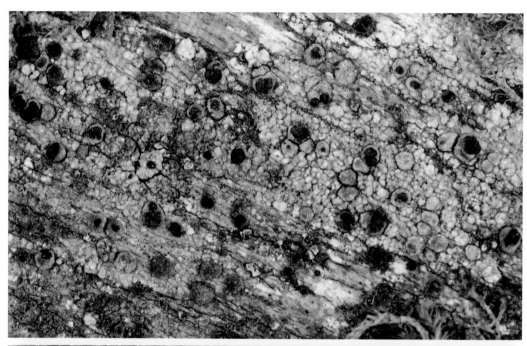

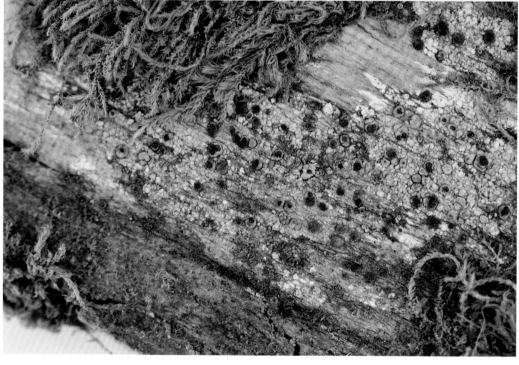

# 『 海登氏多瘤胞 *Diplotomma hedinii* (H. Magn.) P. Clerc & Cl. Roux 』

[ 属名 ] 多瘤胞属 *Diplotomma* Flot. [ 形态 ] 地衣体壳状，薄至厚，连续，表面灰白色至赭色，具有粉霜，有裂纹；子囊盘网衣型，0.4~1.2 mm，常邻接，初陷入地衣体，扁平，后凸起，盘面黑色，覆盖着一层白色粉霜，边缘具细薄的体缘；上子实层 20 μm，深棕色；子实层 80~100 μm，无色；囊层基深褐色，囊盘被较薄；囊层基棕色；子囊杆孢衣型，8 孢，棍棒状；子囊孢子幼期暗绿色，通常略微弯曲，壁厚，成熟的孢子棕色，壁薄，椭圆形，3 横隔，[(5.05) 5.66~6.66 (7.42)] μm×[(15.27) 17.73~21.03 (24.21)] μm (*n*=18)，成熟的孢子横隔处略微收缩 [34]。[ 生境 ] 岩生。[ 分布 ] 塔克拉克。

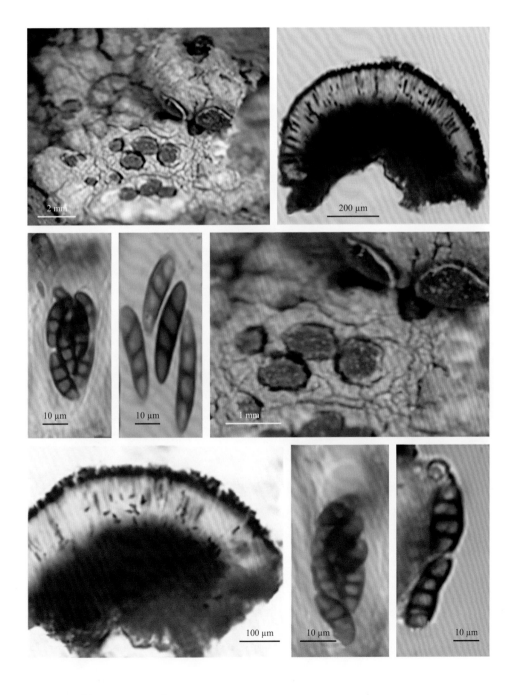

## ■『 枪石蕊 *Cladonia coniocraea* (Flörke) Spreng. 』

[ **属名** ] 石蕊属 *Cladonia* Wigg. [ **形态** ] 初生鳞片宿存，中至大型，厚，齿缘；上表面绿褐色或灰绿色；下表面白色。果柄长度 3~4 cm，直径 1.2 mm，不分枝或偶尔微分枝，枝顶尖头；除果柄基部和子囊盘基部有残留的皮层外，其余部位均密布粉芽，杯内面有粉芽；全体灰白色，有时带有褐色色度[15-16]。[ **生境** ] 多生于云杉朽木上，有时和苔藓伴生。[ **分布** ] 北木扎特河谷地、巴依里。

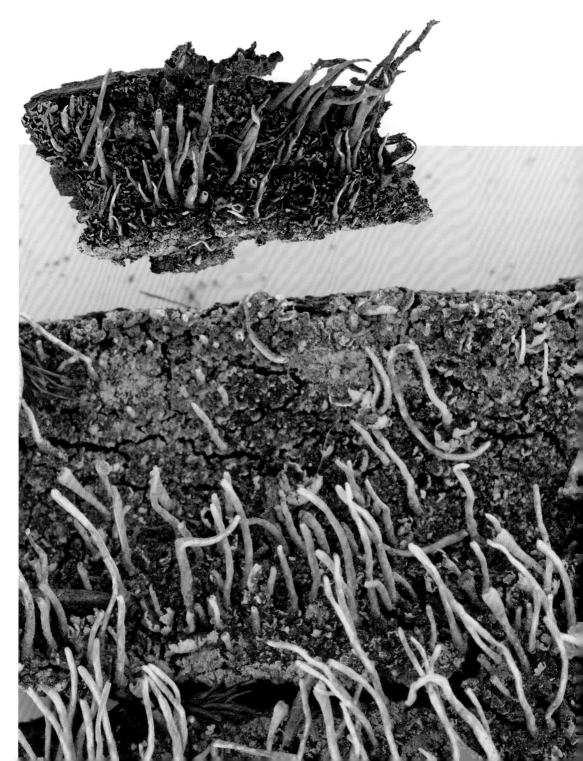

## 『 喇叭粉石蕊 *Cladonia chlorophaea* (Flörke ex Sommerf.) Spreng. 』

[ **属名** ] 石蕊属 *Cladonia* Wigg. [ **形态** ] 地衣体初生鳞片宿存，小至中型。果柄灰色至淡灰绿色，高大，1.5 cm；不分枝，先端逐渐扩大成杯，杯底较深，呈漏斗状，果柄下部有皮层，上部无皮层，密布粉末粉芽[15-16]。[ **生境** ] 云杉林中朽木、朽木树皮、藓丛伴生。[ **分布** ] 北木扎特河谷地、大库孜巴依。

# 『 分枝石蕊 *Cladonia furcata* (Huds.) Schrad. 』

[属名] 石蕊属 *Cladonia* Wigg. [形态] 初生鳞片小型，生长早期消失。果柄灰白色，灰绿色，灰褐色至浅红褐色；高 4~8 cm，多回等二叉，直径约达 2 mm，顶端纤细，无杯；皮层连续或龟裂，裂隙窄细，无粉芽，具或不具小鳞片[15-16]。[生境] 多于林中地上和苔藓伴生。
[分布] 北木扎特河谷地。

# 『 细石蕊（陀螺亚种） *Cladonia gracilis* subsp. *turbinata* (Ach.) Ahti 』

[ **属名** ] 石蕊属 *Cladonia* Wigg. [ **形态** ] 初生地衣体早期消失。果柄圆柱状，单一尖头或形成规则和不规则的浅杯状体，从杯缘 1~2 次再生果柄，稍具分枝，整体灰绿色或灰绿褐色，高 2~9 cm，粗约 2 mm；皮层发育完整，有时稍龟裂，无粉芽和裂芽。子囊盘生于分枝顶部或杯缘，褐色，多数群生[15-16]。[ **生境** ] 多生于林中地上藓丛中。[ **分布** ] 大库孜巴依、北木扎特河谷地。

# 『 矮石蕊 *Cladonia humilis* (With.) J. R. Laundon 』

[ **属名** ] 石蕊属 *Cladonia* Wigg. [ **形态** ] 地衣体鳞片状，宿存；鳞片大小为 3~7 mm，宽 1~3 mm；上表面灰绿色至橄榄褐色，下表面白色。果柄高 5~14 mm；上部逐渐扩大成杯，呈漏斗状，杯宽 2~6 mm，逐渐开裂，短柄，上部及杯内侧生有颗粒状粉芽。子囊盘罕见 [16]。[ **生境** ] 朽木、林下腐殖土藓丛伴生。[ **分布** ] 大库孜巴依、托木尔峰北坡。

## 『 莲座石蕊 *Cladonia pocillum* (Ach.) O. J. Rich. 』

[**属名**] 石蕊属 *Cladonia* Wigg. [**形态**] 初生鳞片发育良好，紧贴基物，覆瓦状排列形成莲座状，上表面褐绿色。果柄高达 2 cm，杯体自果柄基部逐渐扩大呈喇叭形，杯底部封闭，杯缘部重生果柄，无粉芽，柄侧及杯内壁皮层破裂呈颗粒状[16]。[**生境**] 藓丛、藓土层、朽木生。[**分布**] 托木尔峰北坡。

# 『 喇叭石蕊 *Cladonia pyxidata* (L.) Hoffm. 』

[ 属名 ] 石蕊属 *Cladonia* Wigg. [ 形态 ] 初生鳞片宿存，翘起或直立，长 1.5~6 mm，阔 3.2mm，端部圆形；上表面绿色至绿褐色；下表面白色，中部暗色。果柄基部逐渐扩大，呈高脚杯形状，杯内壁皮层亦破裂为颗粒状，杯底部封闭，不穿孔，具鳞片。子囊盘褐色，直接生在杯缘部[15-16]。[ 生境 ] 林间空地或山坡岩石土壤上，常常和苔藓伴生。[ 分布 ] 琼台兰河谷地。

## 『 粗皮石蕊 *Cladonia scabriuscula* (Delise) Leight. 』

[ **属名** ] 石蕊属 *Cladonia* Wigg. [ **形态** ] 初生地衣体鳞片状，并鳞片早失；鳞片长 7~9 mm、宽 5~6 mm，果柄高 3~9 cm，不规则浅裂到深裂；直径 2~4 mm，枝圆筒状，枝腋通常穿孔或封闭，皮层龟裂。子囊盘罕见，子囊孢子褐色。K− 或 K+ 暗黄色至暗棕色，C−，KC−，P+ 红色，UV−。包含富马原岛衣酸[15-16]。[ **生境** ] 多生于林中地上藓丛中。[ **分布** ] 北木扎特河谷地养鹿场附近云杉林中。

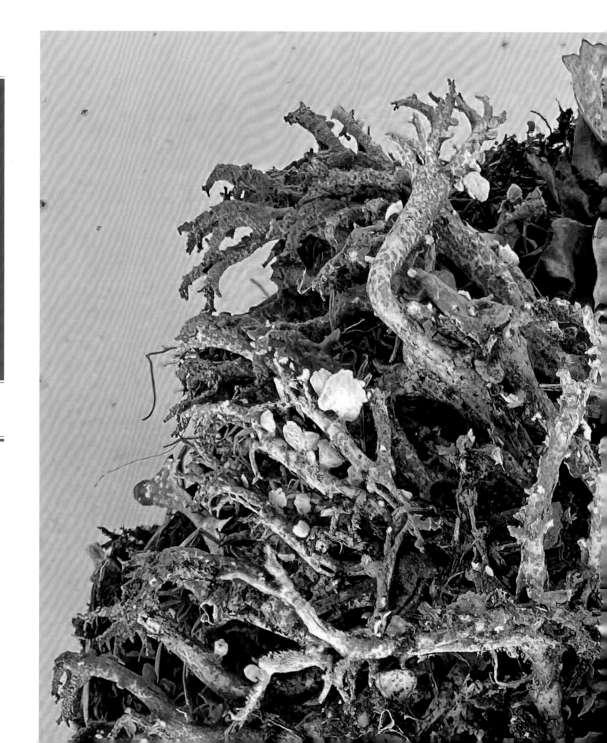

1 cm

## 『 碎茶渍 *Lecanora argopholis* (Ach.) Ach. 』

[属名] 茶渍属 *Lecanora* Ach. em. Massal. [形态] 地衣体壳状，厚，多小疣状或球状龟裂；裂片最初贴生，稍微凸出，后变球状至不规则形，散生或紧密聚合，大多数从上看呈圆柱状至矮枝状；上表面呈淡黄白色、淡灰色、淡绿黄色至淡绿色；有时向边缘呈裂片状，不被粉霜；下地衣体未见或很难鉴别（呈灰黑色）。子囊盘通常众多，散生至集群，无柄，0.5~2.5 mm；盘面呈棕色、深红棕色至黑色，光泽，扁平至凸出，不被粉霜；边缘始终存在，薄，波状，稍微齿裂，与地衣体同色；周层存在，具藻细胞和小结晶；皮层明显，呈胶状，上部侧向厚10~25 μm，基部侧向厚30~70 μm；上子实层深棕色，具结晶；子实层无色；侧丝顶端稍微膨大；子囊棍棒状，含8孢子；子囊孢子无色，单一，大多椭圆形至宽椭圆形。分生孢子器埋生；分生孢子丝状。[生境] 生于岩面、土壤、藓丛。[分布] 塔克拉克、博孜墩。

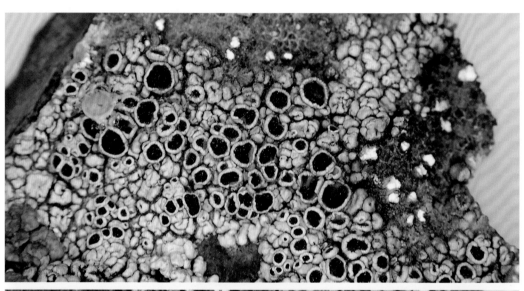

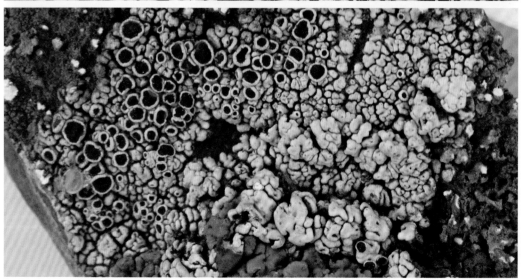

## ■『 柳茶渍 *Lecanora saligna* (Schrad.) Zahlbr. 』

[ **属名** ] 茶渍属 *Lecanora* Ach. em. Massal. [ **形态** ] 地衣体稀少或很丰富，但从不连续，由大小不一样的颗粒组成，有时成裂片状；呈灰色、淡灰绿色、淡绿色、淡黄色，甚至有时呈浅白色。子囊盘常多，直径达 0.4~1.2 (~1.5) mm；常很密集，扁平或凸出，无柄；盘面颜色多样，呈淡棕色、淡棕红色或淡黑棕色，有时还呈淡黄色、淡棕色或肮脏的棕色或黑色，被轻微的白色粉霜；上子实层呈棕色或淡黑色，具颗粒；囊层基明显；藻细胞丰富，密集；皮层界限明确；侧丝明显的分枝，顶端稍微膨大，带棕色或淡黑绿色色素的帽状；子囊棍棒状，含 8 孢子；子囊孢子单一，无色。分生孢子器未见。[ **生境** ] 树生。[ **分布** ] 塔克拉克。

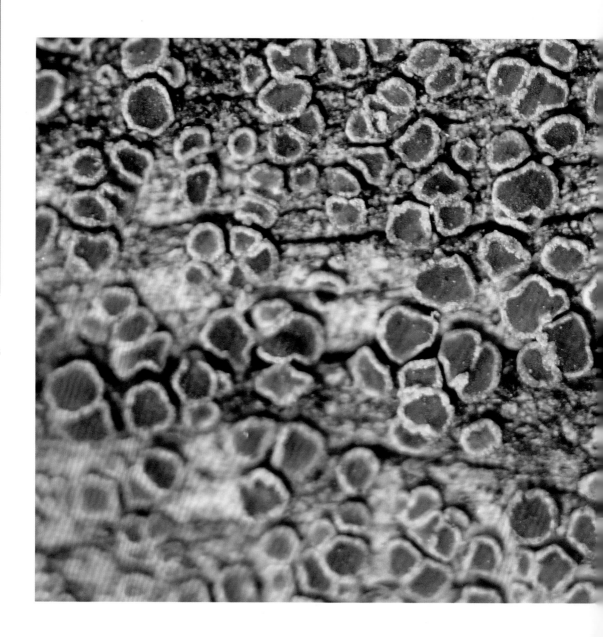

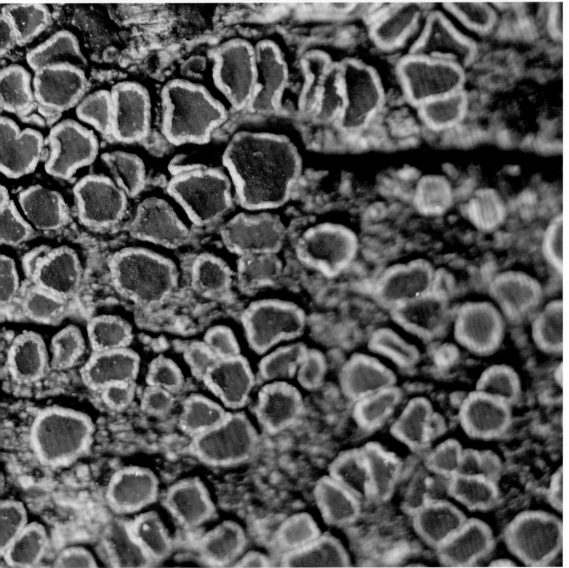

# 『 破小网衣 *Lecidella carpathica* Körb. 』

[属名] 小网衣属 *Lecidella* Koerb. [形态] 地衣体常发达，壳状，裂片状，多小疣状或瘤状，厚达 1.2 mm；上表面呈白色，或淡黄白色，或淡灰白色，暗至光泽，上无粉芽和裂芽；下地衣体未见。子囊盘呈黑色，无柄或有时半埋生；盘面黑色；边缘明显，始终存在；上子实层呈绿色；子实层无色；侧丝单一，顶端不膨大或稍微膨大或明显膨大；囊层基呈棕色；子囊棍棒状，茶渍型，含 8 孢子；子囊孢子无色，单一，宽椭圆形至卵形；分生孢子丝状，很强烈地弯曲。[生境] 岩生。[分布] 小库孜巴依、大库孜巴依、托木尔峰北坡。

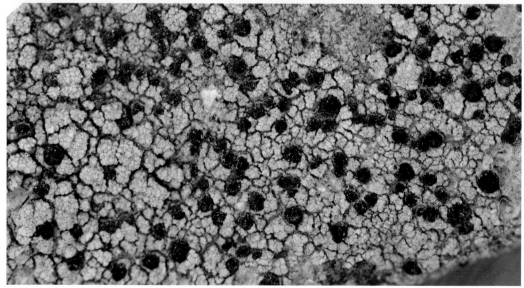

# 『 龟裂小网衣 *Lecidella asema* (Nyl.) Knoph & Hertel 』

[ **属名** ] 小网衣属 *Lecidella* Koerb. [ **形态** ] 地衣体壳状，缝裂至龟裂，厚达 1.8 mm；上表面呈白色、淡黄白色或淡黄绿色，有时是灰白色至黑色，暗或光泽，平滑或呈现粉芽般，下地衣体未见。子囊盘呈黑色，强烈地固着于基部，直径 0.5~1.5 mm；盘面黑色；边缘明显，始终存在；外囊盘被浅绿黑色或有时无色，无藻细胞；上子实层呈淡黑绿色至淡蓝绿色或很少橄榄绿色；子实层无色，高 55~90 μm，不渗入；侧丝单一，很少网结状或分枝，顶端稍微膨大；囊层基呈淡棕色至淡红棕色，子囊棍棒状，茶渍型，含 8 孢子；子囊孢子无色，单一，椭圆形；分生孢子丝状 [16]。[ **生境** ] 土壤、树木、树皮、岩生。[ **分布** ] 小库孜巴依、大库孜巴依、巴依里。

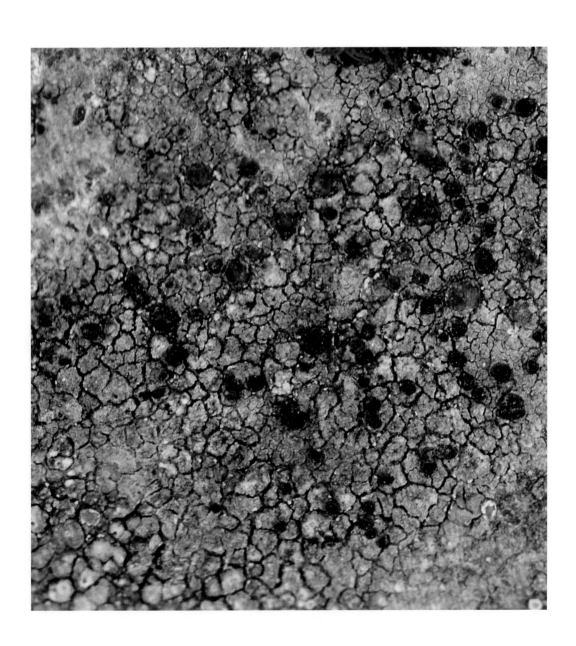

## 『 油色小网衣 *Lecidella elaeochroma* (Ach.) M. Choisy 』

[ **属名** ] 小网衣属 *Lecidella* Koerb. [ **形态** ] 地衣体壳状，连续或颗粒状至疣状，薄，紧贴于基物表面，厚约 0.5 mm；上表面呈淡黄灰色或淡黄色至淡灰白色，平滑，暗，不具粉芽或裂芽。下地衣体黑色（淡蓝黑色）。子囊盘众多，球状，无柄，直径 (0.6~) 1~1.6 mm；盘面黑色，扁平至很强烈的凸出，不被粉霜；子实层呈淡蓝黑色，淡蓝绿色至灰蓝色，很少橄榄色，无结晶；子实层无色，高 55~105 μm，不渗入至渗入；囊层基淡棕褐色至淡黄色至淡红棕色；侧丝单一，很少网结状或分枝；子囊棍棒状，茶渍型，含 8 个孢子；子囊孢子无色，单一，宽椭圆形至椭圆形。分生孢子器未见。[ **生境** ] 树生。[ **分布** ] 塔克拉克、大库孜巴侬。

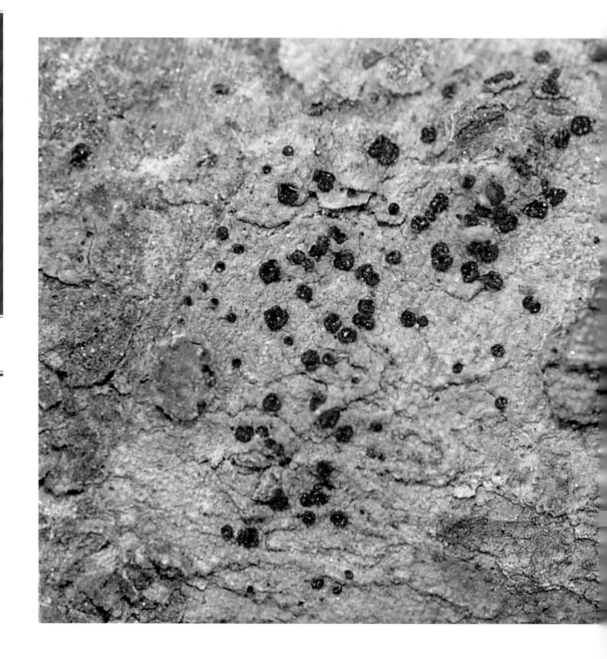

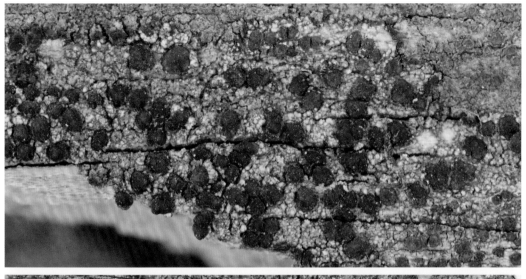

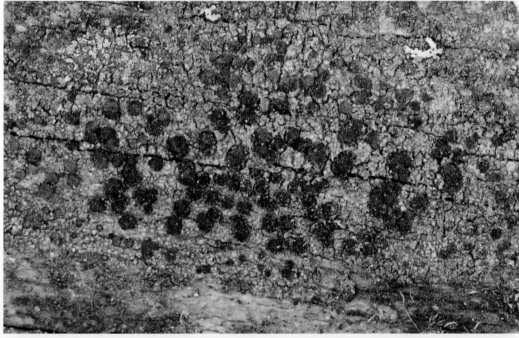

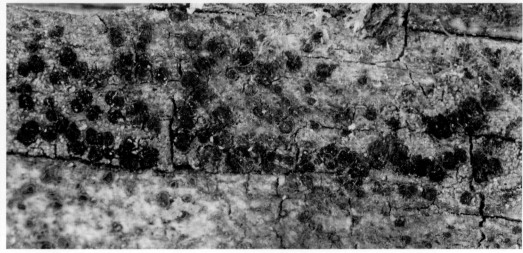

# ▌『 平小网衣 *Lecidella stigmatea* (Ach.) Hertel & Leuckert 』

[ **属名** ] 小网衣属 *Lecidella* Koerb. [ **形态** ] 地衣体壳状，缝裂至龟裂，薄，下地衣体很少存在，淡灰黑色，颗粒状，暗，无粉芽或裂芽。子囊盘无柄，强烈地固着于基部，直径 0.8~2 mm；盘面黑色，扁平至凸出，不被粉霜；边缘明显，薄，弯曲；上子实层呈淡蓝绿色，淡黑棕色至橄榄色或淡红棕色；子实层无色，高 60~85 μm，不渗入；侧丝单一，很少网结状或分枝，顶端稍微膨大；囊层基无色；子囊棍棒状，茶渍型，含 8 孢子；子囊孢子无色，单一，椭圆形至卵球形，大小为 (11~17) μm×(6~9) μm；孢子壁厚和平滑，无孔环；分生孢子器环球，半埋生；分生孢子丝状，弯曲。[ **生境** ] 岩生。[ **分布** ] 小库孜巴依、巴依里、托木尔峰北坡。

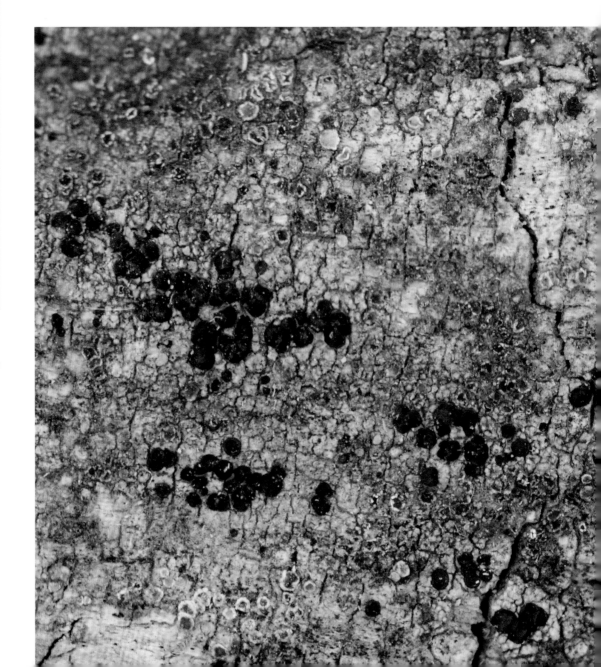

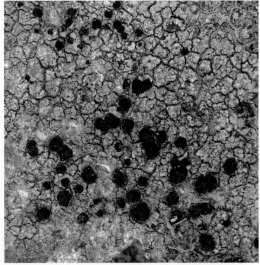

# 『 小多盘衣 *Myriolecis hagenii* (Ach.) Śliwa, Zhao Xin & Lumbsch 』

[ **属名** ] 多盘衣属 *Myriolecis* Clements. [ **形态** ] 地衣体不明显或完全不易察觉，子囊盘基部的地衣体发育不良，极少呈表面地衣体。未发现前地衣体。子囊盘茶渍型，通常众多，单生、极少聚生、贴生、无柄，直径达 0.3~0.9 mm。盘面明显，光滑，表面呈棕色至微橙色，具轻微至厚重的白色粉霜，很少无粉霜。盘缘明显，全缘，连续，或具有细圆齿，与盘面平齐，粗糙至光滑，无粉霜至轻微粉霜，呈白色或比盘面苍白。子实上层呈灰棕色至淡棕色或棕色。子实层透明。侧丝单一。子囊 8 孢，棒状；子囊孢子单胞，无色，椭圆形至长椭圆形。未发现分生孢子器。[ **生境** ] 生于朽木、树干、树枝、岩石、土壤、草丛及兽骨上。[ **分布** ] 小库孜巴依。

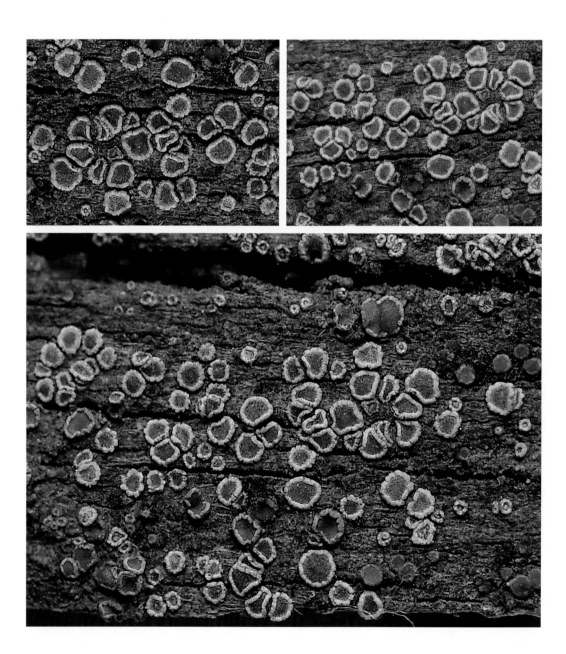

# 『 侵生多盘衣 *Myriolecis invadens* (H. Magn.) Śliwa, Zhao Xin & Lumbsch 』

[ **属名** ] 多盘衣属 *Myriolecis* Clements. [ **形态** ] 地衣体壳状，表面连续或仅紧贴于子囊盘基部或不明显，呈绿褐色至褐色，含有微蓝色色素。未见前地衣体。子囊盘茶渍型，单生至少聚生。子囊盘盘面扁平至稍微凸起，呈褐色至深褐色或黑色，通常具轻微至较厚的粉霜。盘缘全缘，较厚，圆形至不规则，波状，光滑，与盘面平齐或稍微高于盘面，有轻微粉霜，呈白色、灰白色，与盘面同色或稍微苍白。子实上层呈褐色、黑褐色或橄榄色；子实下层明显，无色或淡黄色；囊层基存在，较薄。侧丝单一，较粗，顶端膨大，呈圆形。子囊 8 孢；子囊孢子单胞，无色，宽椭圆形至椭圆形。未发现分生孢子器。

[ **生境** ] 岩生。[ **分布** ] 塔克拉克。

## 『 兰多盘衣 *Myriolecis caesioalutacea* (H. Magn.) R. Mamut 』

[ **属名** ] 多盘衣属 *Myriolecis* Clements. [ **形态** ] 地衣体壳状，明显，龟裂状，形状不规则，龟裂片通常平坦，边缘明显，连续，呈黄褐色至淡褐色、灰棕色，无粉霜。未发现前地衣体。子囊盘茶渍型，单生、散生，稀少，从不簇生，无柄、紧贴基物，通常每片龟裂片长一个子囊盘，直径 0.3~0.8 mm。盘面明显，成熟时平整，有时呈略凹，黑色，当被密厚重的白色粉霜时盘面呈白 – 蓝色，粗糙。盘缘明显，全缘，通常较厚且与盘面平齐，呈黑色或蓝黑色内环，幼小时稍微高于盘面且子囊盘呈杯状，具粉霜，通常与地衣体呈同色。子实上层呈棕色至黑棕色。周层发达，藻胞层与皮层界限明显；皮层较厚，具菌丝。子实层透明；囊层基界限明显。侧丝单一。子囊棒状，8 孢，具茶渍型顶器；子囊孢子单胞，无色，宽椭圆形至椭圆形。未发现分生孢子器。[ **生境** ] 岩生。[ **分布** ] 塔克拉克、博孜墩。

## ■『 钝齿多盘衣 *Myriolecis crenulata* (Hook.) Śliwa, Zhao Xin & Lumbsch 』

[ **属名** ] 多盘衣属 *Myriolecis* Clements. [ **形态** ] 地衣体完全不明显或完全不可见，或仅在子囊盘底部有少量的表面地衣体，通常缺乏，极少呈分散的颗粒状。未发现前地衣体。子囊盘茶渍型，密集于基物，紧贴基物，通常单生、无聚生，无柄。盘面呈棕色至黑棕色，有时呈黑色，粉霜明显，具轻微至厚重的白色粉霜；盘缘发育良好，较厚；子实上层明显，棕色至深棕色或红棕色。子实层明显，无色；子实下层透明。侧丝单一，无分枝，粗，顶端膨大，着色素，上方具有明显的隔膜。子囊棒状，8孢；子囊孢子单胞或双胞，无色，椭圆形。未发现分生孢子器。[ **生境** ] 岩生、土壤生。[ **分布** ] 塔克拉克、博孜墩。

## ■『 散多盘衣 *Myriolecis dispersa* (Pers.) Śliwa, Zhao Xin & Lumbsch 』

[ **属名** ] 多盘衣属 *Myriolecis* Clements. [ **形态** ] 地衣体不明显或完全不可见，很少有表面地衣体且罕见，通常发育不良以及消失。子囊盘数量众多，多聚生少密集，贴生、无柄。盘面呈黄灰色、黄橘色、黄褐色、浅棕色、深棕色、棕色或几乎是黑色。盘缘厚且明显，全缘。子实上层呈淡褐色、褐色，有时呈黄棕色至淡棕色。皮层明显，较薄，基部发育良好且较宽。子实层透明。侧丝单一。子囊棍棒状，8 孢；子囊孢子无色，单胞，椭圆形。未发现分生孢子器。[ **生境** ] 朽木、树干、树枝、草丛、土壤、岩生。[ **分布** ] 博孜墩。

# 『 厚缘多盘衣 *Myriolecis flowersiana* (H. Magn.) Śliwa, Zhao Xin & Lumbsch 』

[ **属名** ] 多盘衣属 *Myriolecis* Clements. [ **形态** ] 地衣体壳状，有时表面分散疣状或不明显，表面呈淡灰色至淡褐色。未发现前地衣体。子囊盘茶渍型，贴生、单生，直径 0.3~1.0 mm。盘面扁平，中间稍微凸起，光滑，无粉霜。子实上层具颗粒（Pol +，缓慢溶解于 K 溶液，不溶解于 N 溶液），整个子实上层和子实层上方含色素（色素子实层占 1/3~2/3），子实上层表面呈深棕色或微红色，不溶解于 K 溶液和 N + 红色。子实层透明，上方含有子实上层渗入的色素；存在子实下层，薄，无色；囊层基发育良好。侧丝单一，有时稍微分枝。子囊 8 孢，宽棒状至棒状，具茶渍型顶器；子囊孢子单胞，无色，多为长椭圆形。未发现分生孢子器。[ **生境** ] 岩石、木头、土壤生。[ **分布** ] 小库孜巴依。

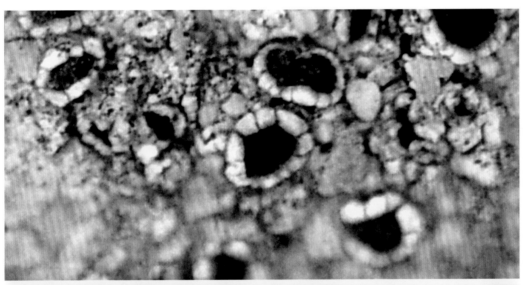

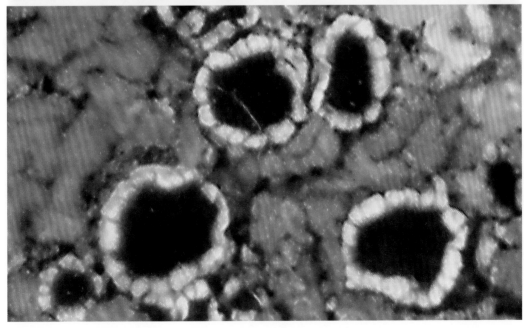

## 『 半苍多盘衣 *Myriolecis semipallida* (H. Magn.) Śliwa, Zhao Xin & Lumbsch 』

[**属名**] 多盘衣属 *Myriolecis* Clements. [**形态**] 地衣体壳状，表面明显可见，连续，有时呈龟裂状，薄，黄褐色至褐色，无粉霜。未发现前地衣体。子囊盘贴生、短柄或无柄、缢缩在基部、单生，成熟时扁平，幼小时形成杯状，圆形或波状，直径 0.3~1.5 mm。盘面光滑，表面呈黄灰色、淡褐色、淡黄色至黄橙色，无粉霜或具轻微粉霜；具盘缘，全缘。子实上层呈淡棕色至棕色；子实层透明。子实下层明显；囊层基明显，发育良好，具放射状菌丝。侧丝单一，基部稍微分枝，顶端不膨大或轻微膨大，无着色素。子囊 8 孢；子囊孢子无色，多单胞，少双胞（有隔膜），宽椭圆形至椭圆形（接近球形）。未发现分生孢子器。[**生境**] 岩石、木头、土壤生。[**分布**] 托木尔峰北坡、小库孜巴依。

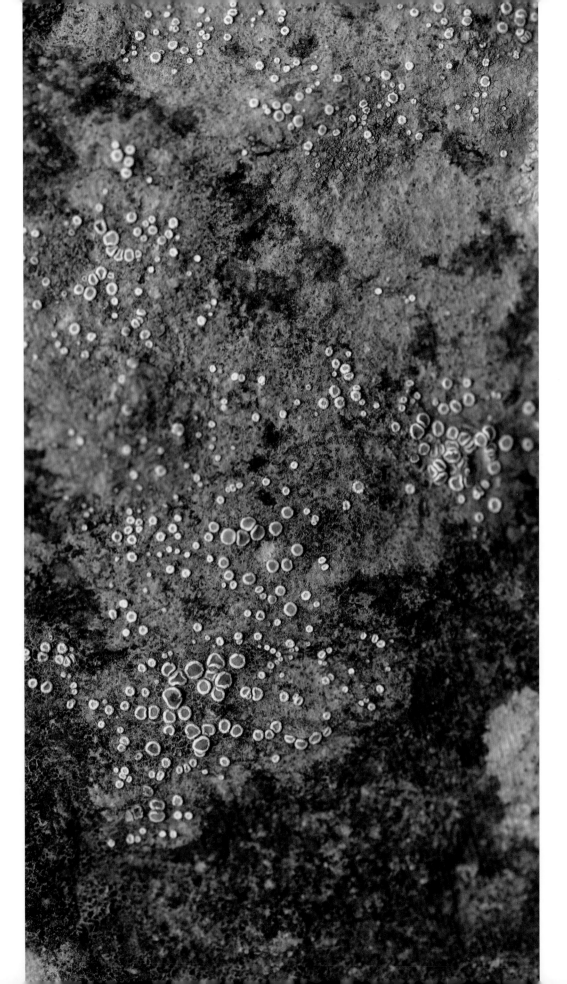

## ■ 『 大叶多盘衣 *Myriolecis zosterae* (Ach.) Śliwa, Zhao Xin & Lumbsch 』

[ **属名** ] 多盘衣属 *Myriolecis* Clements. [ **形态** ] 地衣体壳状，不连续的龟裂状，边缘不明显，表面呈微白色至灰白色或灰色。未发现前地衣体。子囊盘茶渍型，单生或稍微聚生，众多，紧贴基物，无柄。盘面表面呈褐色或红棕色至黑褐色，无粉霜。盘缘发育良好，全缘至波浪状，连续，粗糙。子实上层呈深橘色至红棕色且在 N 溶液中变微红色或原本颜色加深。子实层透明；子实下层明显。侧丝较粗，单一或稍微分枝，顶部稍膨大到头状。子囊 8 孢，棍棒状；子囊孢子无色，单胞，长椭圆形。未发现分生孢子器。[ **生境** ] 朽木、树皮、土壤表面、草丛、苔藓。[ **分布** ] 小库孜巴依。

## ■『 戛氏原类梅 *Protoparmeliopsis garovaglii* (Körb.) Arup, Zhao Xin 』

[ **属名** ] 原类梅属 *Protoparmeliopsis* M. Choisy. [ **形态** ] 地衣体裂片状，玫瑰花型，具明显的地衣体中心，贴生；地衣体连续但中部多裂至疣状、或瘤状龟裂、或泡状龟裂，边缘裂片状；下地衣体存在，在地衣体裂片之间和边缘末端可以见到，常呈黑橄榄色至淡绿黑色；地衣体边缘连续，表面平坦至强烈不规则的凸出，折成扇状、波状、弯曲，有时形成稍微有规则的沟状裂片。地衣体上表面暗淡色，点滴或全部被粉霜，呈淡绿黄色至绿黄色、淡灰黄绿色、绿色、淡绿色，向边缘颜色变淡黄色，常具斑点。子囊盘大多数时较多，有时很少，主要集中在地衣体中央部位，固着，直径 0.5~2 mm。盘面淡黄褐色或红棕色，不被粉霜。子囊棍棒状，含 8 孢子；子囊孢子无色，椭圆形至宽椭圆形或卵球形。分生孢子器埋生。[ **生境** ] 生长于各种性质的岩石上。[ **分布** ] 北木扎特河谷。

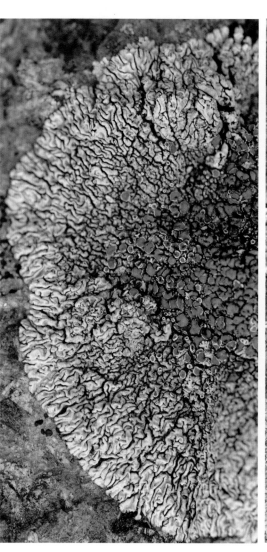
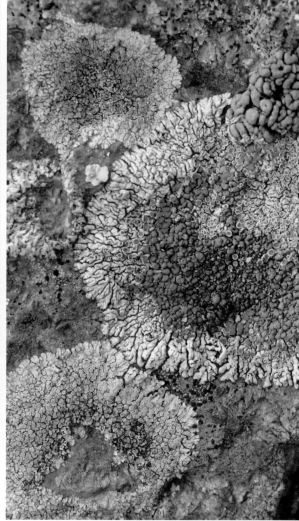

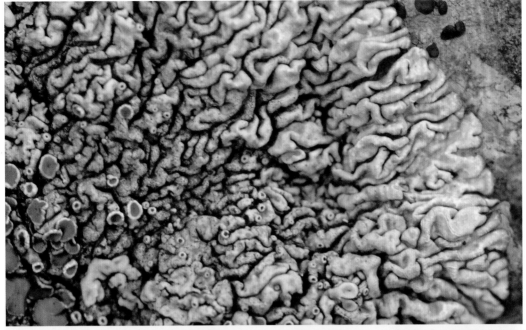

## ■『 石墙原类梅 *Protoparmeliopsis muralis* (Schreb.) M. Choisy 』

[**属名**] 原类梅属 *Protoparmeliopsis* M. Choisy [**形态**] 该种在研究区域内广泛分布。地衣体裂片状，常几个聚集在一起生长形成种群，近整齐圆形莲座状，连生至其周围也能见到圆形或不规则、大小不等的鳞片，一般贴生，中部鳞状龟裂，边缘放射状排列。上表面颜色多样，呈淡黄色、淡黄绿色或淡绿黄色、淡褐色、淡黑绿色，有时呈灰白色或白色，很少光泽，平坦或略皱状；子囊盘多，发生在裂片边缘，常聚在地衣体中间；颜色多样，常呈黄褐色至褐色或红褐色，有些时候部分区域呈黑色。[**生境**] 生长于岩石、朽木、藓土、土壤等基物上。[**分布**] 博孜墩、塔克拉克

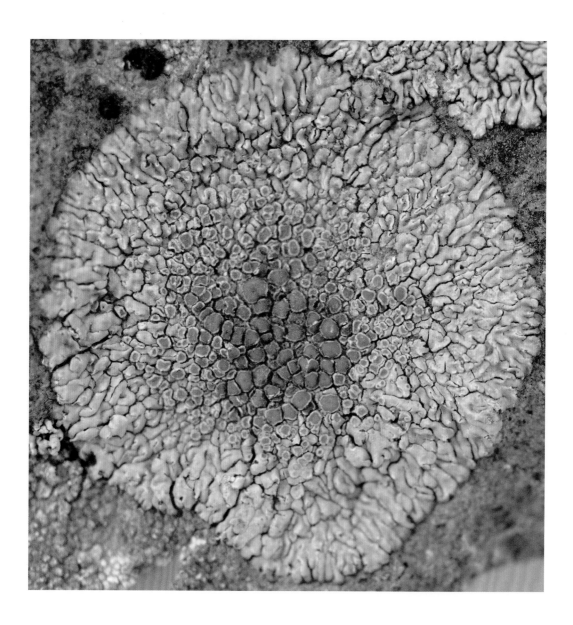

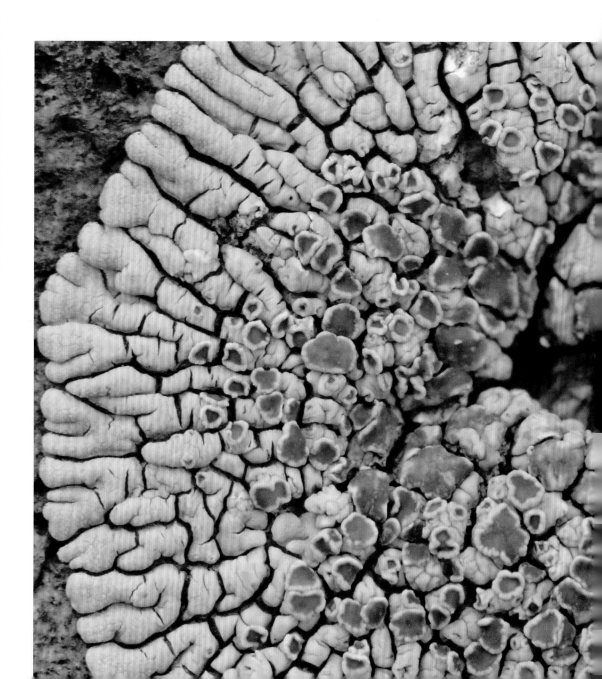

## ▌『 贝加尔脐鳞 *Rhizoplaca baicalensis* (Zahlbr.) S. Y. Kondr., M. H. Jeong & Hur, comb. nov. 』

[ **属名** ] 脐鳞衣属 *Rhizoplaca* Zopf. [ **形态** ] 地衣体壳状、裂片状、莲座状，直径 1~2.5 cm，通常聚集，紧贴至基物，边缘有明显的裂片，中心龟裂，上表面粗糙至疣状突起，暗淡至稍光滑，灰褐色至棕褐色，黄褐色或赭褐色；下表面深褐色至黑褐色；子囊盘直径 1~1.5 mm，茶渍型，主要是圆形；盘面幼时光滑，成熟时凸起，浅褐色至浅红褐色；边缘窄，全缘至曲折；囊盘被厚 30 μm；子实层高 50~70 μm，子实上层厚 15~20 μm，褐色；囊层基厚 100 μm，覆盖在 50~80 mm 厚的藻层之下；侧丝松散；子囊 (50~57) μm×(15~18) μm；子囊孢子椭圆形。[ **生境** ] 岩生。[ **分布** ] 托木尔峰北坡。

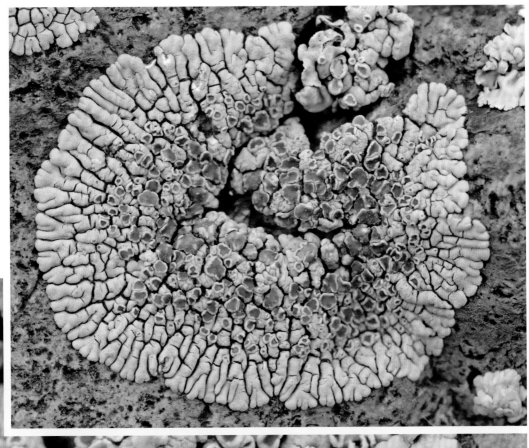

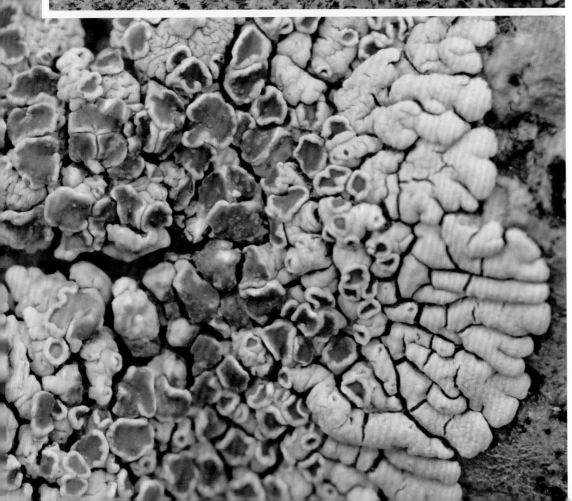

## ■ 『 红脐鳞衣 *Rhizoplaca chrysoleuca* (Sm.) Zopf 』

[属名]脐鳞衣属 *Rhizoplaca* Zopf. [形态]地衣体直径2~3.5 cm，脐状，小叶片单叶型成深裂，或多叶和垫状；裂片直径1~3 mm，平面到凹陷或很少凸起，厚0.5~1 (~1.5) mm，呈圆齿状；上表面淡黄绿色、淡黄色、黄灰色，光滑或粉末；边缘同色或局部变黑；子囊盘聚多，堆积一块，直径0.8~2.5 mm，贴生，无柄，缢缩在基部；盘面平至凸起，红橙色至中度橙黄色或黄色，局部密被粉霜，呈浅橙色至浅橙黄色；囊盘被宽0.1~0.4mm，全缘至曲折或向内凹陷，稍凸起然后平坦，与地衣体同色或黄色；子实层高50~60 μm，淡黄色或橙黄色，通常表面有颗粒；侧丝透明，宽2~3 μm；子囊椭圆形至圆形。[生境]岩生。[分布]托木尔峰北坡。

## ■ 『 垫脐鳞衣 *Rhizoplaca melanophthalma* (DC.) Leuckert 』

[ **属名** ] 脐鳞衣属 *Rhizoplaca* Zopf. [ **形态** ] 地衣体通常鳞片状或垫状；裂片明显至不明显，具粗圆齿；上表面暗淡至发亮，偶有粉霜，淡至中度绿黄色，下表面近边缘蓝黑色，通常连续，平滑到不均匀或粗糙。子囊盘直径 0.4~1.7 mm，凹陷至无柄；盘面凹到平整或波状，很少凸起，黄棕色至棕色，浅绿色、黄绿色、自褐色至黑色，但决不呈橘红色，无粉霜或弱至浓密的粉霜，全缘至曲折或具圆齿，弱至强烈的突起和内折；子囊孢子椭圆形至近球形。[ **生境** ] 岩生。[ **分布** ] 托木尔峰北坡。

## 『 异脐鳞 *Rhizoplaca subdiscrepans* (Nyl.) R. Sant. 』

[ **属名** ] 脐鳞衣属 *Rhizoplaca* Zopf. [ **形态** ] 地衣体疣状鳞片状，多叶；疣分散至连续或堆积，凸起成蜿蜒有褶的裂片，稍扁平，变得稍长而分裂；上表面常密被粉状皱纹，但不具明显的粉霜，淡黄绿色到有点发白，边缘同色；下表面淡褐色至深褐色；脐部不明显；子囊盘常见，片状，一般固着并缢缩在基部；盘面稍凹或平面，通常橙色；边缘与地衣体同色，全缘至曲折，一般向里面褶皱的有点凸起和稍内折；子实层淡黄色或橙黄色，上部覆盖着颗粒状物；侧丝透明，3~5 μm；子囊孢子椭圆形至狭椭圆形或卵圆形，[(7~) 9~10 (~12)] μm × [(3~) 4 (~5) ] μm。[ **生境** ] 岩生。[ **分布** ] 托木尔峰北坡。

# 『 间枝树花 *Ramalina intermedia* (Delise ex Nyl.) Nyl. 』

[ **属名** ] 树花属 *Ramalina* Ach. [ **形态** ] 地衣体枝状，高 1.5~3.2 cm，稀疏或繁茂，不规则分枝或二叉分枝。地衣体微绿黄色，中实，阔约 1.5 mm，平扁至亚圆柱形，顶端有粉芽堆，表面有光泽，平滑或多少具条纹；假杯点小，椭圆形，一般形成粉芽；粉芽堆边缘生或表面生，具有裂芽状小枝。地衣体厚度为 80~95 μm，皮层厚度为 22~28 μm；软骨质层清晰开裂；髓层连续。未见子囊盘[16]。[ **生境** ] 岩生。[ **分布** ] 北木扎特河谷流域。

# 『 粉树花 *Ramalina farinacea* (L.) Ach. 』

[ **属名** ] 树花属 *Ramalina* Ach. [ **形态** ] 地衣体枝状，近悬垂型，稍刚硬，微灰绿色至淡枯草黄色，略有光泽，二叉分枝，枝体近圆柱形至扁平，阔 0.5~2 mm，长 2~ 3 cm，中央呈纵沟状，边缘散生白色头状粉芽堆[15-16]。[ **生境** ] 树生（树皮和树枝）。[ **分布** ] 北木扎特河谷流域。

## ■『 粉粒树花 *Ramalina pollinaria* (Westr.) Ach. 』

[ **属名** ] 树花属 *Ramalina* Ach. [ **形态** ] 地衣体枝状，直立，高 2~3 cm，枝体扁平，末端可见细裂；表面枯草黄色，顶端以及表面可见粉芽堆，微凹至平，颗粒状；未见子囊盘 [15-16]。[ **生境** ] 树生。[ **分布** ] 北木扎特河谷流域。

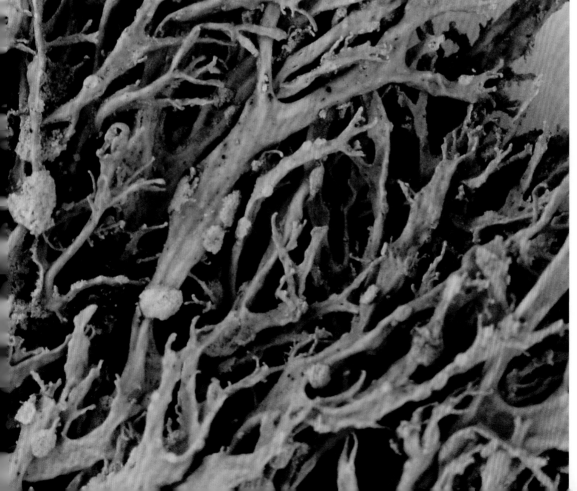

# 『 中国树花 *Ramalina sinensis* Jatta 』

[ **属名** ] 树花属 *Ramalina* Ach. [ **形态** ] 地衣体扇形叶状，扁平；表面枯草黄色，具明显脉纹状棱脊；下表面具不明显假杯点；子囊盘生于裂片顶端，盘面浅灰色，盘缘与地衣体同色。子囊盘茶渍型；子囊孢子椭圆形，(3.5~4.5) μm×(9.6~11.7) μm；侧丝不分枝，顶端略膨胀[15-16]。[ **生境** ] 树生和朽木生。[ **分布** ] 北木扎特河谷地。

# ■『 白泡鳞衣 *Toninia candida* (Weber) Th. Fr. 』

[ **属名** ] 泡鳞衣属 *Toninia* A. Massal. [ **形态** ] 地衣体由鳞片组成垫状，表面被霜而呈雪白色；鳞片直径 2~6 mm，有皱褶，边缘深刻分裂，稍膨大，通常中空。子囊盘盘面黑色，平时被霜；平或微凸，壳边缘厚；8 孢子；孢子长纺锤形，2~4 胞 [16]。[ **生境** ] 土生。[ **分布** ] 大库孜巴依。

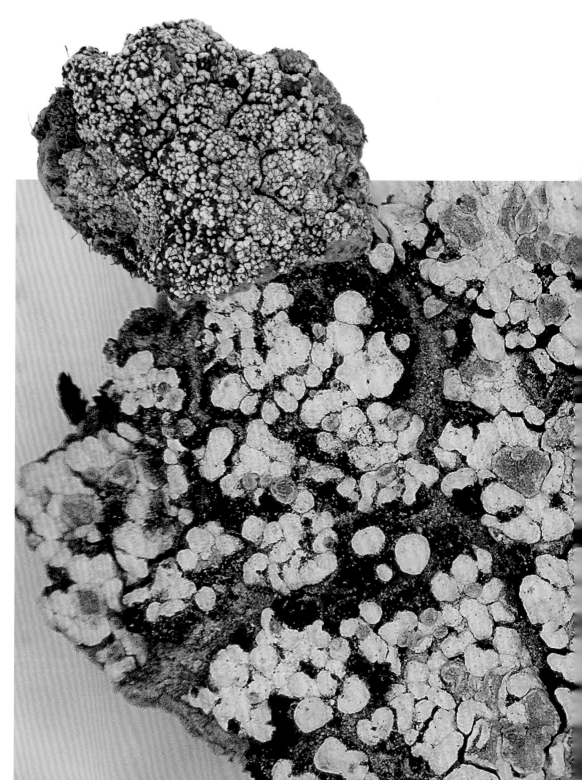

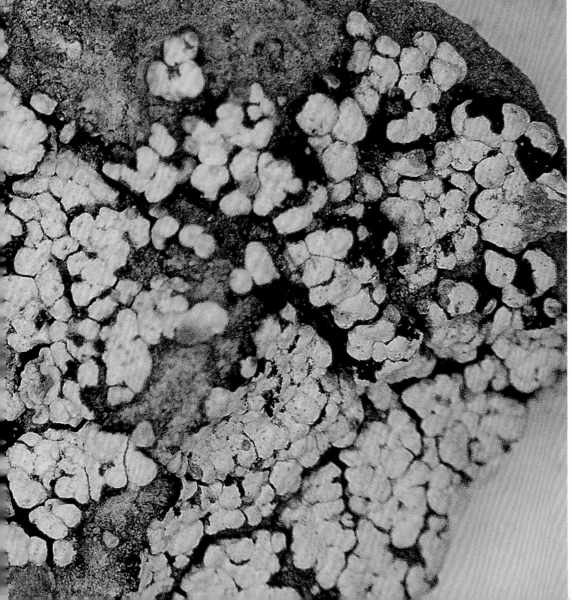

# 『 小管厚枝衣 *Allocetraria madreporiformis* (Ach.) Kärnef. & Thell 』

[ **属名** ] 厚枝衣属 *Allocetraria* Kurok. & Lai. [ **形态** ] 地衣体柱状，直立，形成簇丛，高 1~1.6 cm，极少分枝，黄色至黄绿色，顶端褐色，无粉芽和裂芽，髓层或多或少呈实心。皮层或多或少呈假栅栏组织。子囊盘未见。分生孢子器黑色，凸起状，分生孢子丝状，(10~17) μm×(0.4~1.3) μm[15-16]。[ **生境** ] 多于山坡林中地上，和苔藓或杂草伴生。[ **分布** ] 琼台兰河谷、北木扎特河谷地。

# 『 皮刺角衣 *Coelocaulon aculeatum* (Schreb.) Link 』

[属名] 角衣属 *Coelocaulon* Link. [形态] 地衣体枝状，二叉式或不规则叉状分枝，高 3~5 cm，成片生长或滚成团块；分枝亚圆柱状，有时稍扁平或呈棱柱状，宽 0.5~1 mm，顶端呈近乳突状的小刺；表面具光泽，枝腋或面上具圆形、椭圆形或不规则状的小凹坑或窜孔，布有白色假杯点和疣状突起。[生境] 多生于山坡灌丛中的草地上和荒河滩上 [15-16]。[分布] 北木扎特河谷地。

1 cm

## ▌『 岛衣 *Cetraria islandica* (L.) Ach. 』

[**属名**] 岛衣属 *Cetraria* Ach. [**形态**] 地衣体褐色枝状，高 2~5 cm；裂片呈亚沟槽状或沟槽状，宽 3~7 mm，主裂片或多或少呈二叉分枝，主裂片侧面有一些小侧枝；下表面淡褐色或深褐色，基部红色，光滑或略具皱折，表面具大量白色假杯点，边缘假杯点呈线状或有间断；上表面与下表面同色[15-16]。[**生境**] 土生。[**分布**] 塔克拉克、博孜墩。

## ■『 柔扁枝衣 *Evernia divaricata* (L.) Ach. 』

[ **属名** ] 扁枝衣属 *Evernia* Ach. [ **形态** ] 地衣体枝状，通常下垂，没有明显的基部，不规则分枝，表面绿灰色至灰黄色，新鲜时为淡黄绿色或黄白色，两面有皱褶凹凸，无粉芽和裂芽；非常柔弱和松弛，皮层通常环状破裂，露出白色髓层。侧枝几乎垂直，但通常叉开，起初短且刺状，然后变长，并以类似的方式进一步分裂。子囊盘罕见，无柄，侧生在主枝上，很少在边缘生长；盘面为栗棕色，圆形，平面；盘边与地衣体同色，相当平坦，具皱纹和脉覆盖。[ **生境** ] 多生于枯枝和朽木上[15-16]。[ **分布** ] 北木扎特河谷地。

# 『 袋衣 *Hypogymnia physodes* (L.) Nyl. 』

[ **属名** ] 袋衣属 *Hypogymnia* (Nyl.) Nyl. [ **形态** ] 地衣体灰白色，灰绿色或淡褐色，分裂为多数裂片，裂片阔 1~3.1 mm，各裂片反复叉状短分裂；上表面平滑，具众多黑色分生孢子器；裂片内部褐色，先端中空；下表面起皱，黑色，无穿孔，边缘褐色。裂芽着生在裂片顶端横裂状开口的内面[15-16]。[ **生境** ] 主要生于山区林中树皮上、朽木上，或和苔藓伴生。[ **分布** ] 北木扎特河谷地、小库孜巴依。

梅衣科 **Parmeliaceae**

# 『 皱衣 *Flavoparmelia caperata* (L.) Hale 』

[ **属名** ] 皱衣属 *Flavoparmelia* (L.) Hale [ **形态** ] 地衣体叶状，直径 5~18 cm，贴生至松散贴生，有时形成广泛的斑块状，具有不规则的裂片；裂片顶端圆形，具圆齿；上表面具有细叶，黄绿色到浅黄色，偶尔绿灰色，光滑但随着地衣体年龄的增长变得有皱纹和折叠，暗淡到有点光泽；粉芽表面生，颗粒状到疣状；缺少裂芽；下表面中部黑色，边缘棕色，边缘逐渐变浅；假根从中心至边缘密度逐渐减少，黑色，单一，有时具有褐色或白色尖端 [15-16]。[ **生境** ] 针叶林树皮生。[ **分布** ] 大库孜巴依、北木扎特河流域。

0.5 mm

# 『 微糙黑尔衣 *Melanohalea exasperatula* (Nyl.) O. Blanco et al. 』

[ **属名** ] 黑尔衣属 *Melanohalea* O. Blanco et al. [ **形态** ] 地衣体淡橄榄色至暗橄榄色，直径 1~4 cm，裂片阔 2~4 mm，稍平展，但边缘反曲，阔圆，连续至覆瓦状；上表面平滑至不规则的皱褶，无粉芽和假杯点。有裂芽，裂芽初期呈半球状的疣；下表面淡黄褐色至暗褐色，假根适度，与下表面同色或淡，长约 1 mm，子囊盘罕见。[ **生境** ] 树皮、树枝及朽木生 [16]。[ **分布** ] 小库孜巴依、北木扎特河谷地。

## ▌『 银白伊氏叶 *Melanelixia subargentifera* (Nyl.) O. Blanco et al. 』

[ **属名** ] 伊氏叶属 *Melanelixia* O. Blanco et al. [ **形态** ] 地衣体褐色至橄榄褐色或暗褐色，带有明显的淡红色或浅黄色色调，紧密附着；上表面平滑至在周围明显起皱，向内通常稍更强烈地起皱，无光泽或有时局部有光泽至油亮，被粉霜，尤其是沿裂片的边缘；通常有微细的、透明的皮层毛，皮层毛周密至稀疏，至少存在于一些裂片的末端；无裂芽和假杯点，有粉芽；粉芽堆面生和缘生；下表面暗褐色，边缘较浅色；假根适度，与下表面同色，子囊盘罕见[16]。[ **生境** ] 树皮或朽木生。[ **分布** ] 北木扎特河流域周围地区、大库孜巴依。

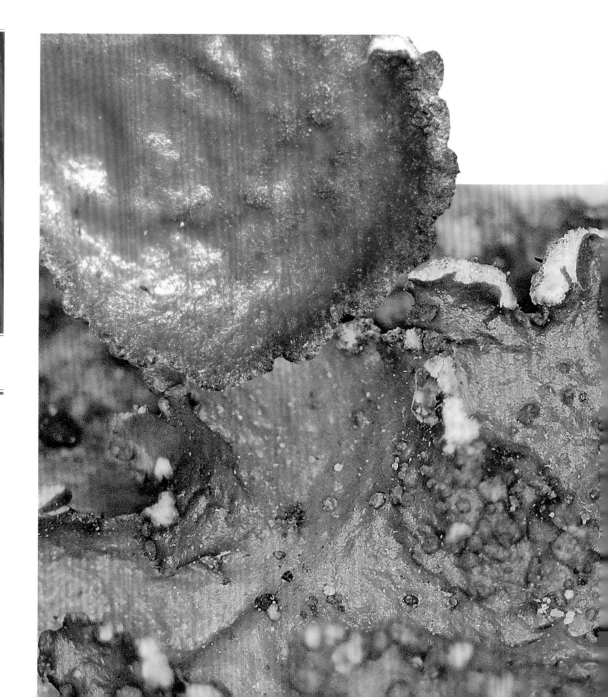

## ■『 橄榄黑尔衣 *Melanohalea olivacea* (L.) O. Blanco et al. 』

[ **属名** ] 黑尔衣属 *Melanohalea* O. Blanco et al. [ **形态** ] 地衣体叶状，橄榄褐色至暗褐色，地衣体周围有时略淡色，贴着或周边略翘起；地衣体表面平滑至起皱，在周边附近有白点；下表面的颜色比上表面淡。子囊盘多数着生于地衣体中央处，散生或聚生。[ **生境** ] 生长在树皮或岩石上 [16]。[ **分布** ] 大库孜巴依。

1 cm

2~5.02 μm

# 『 槽梅衣 *Parmelia sulcata* Taylor 』

[**属名**] 梅衣属 *Parmelia* Ach. [**形态**] 地衣体微白色至灰色、灰绿色，紧密或疏松贴附着，阔 4~7.5 cm；裂片 2~5 mm，线状；地衣体上表面具有明显的网状皱及沟槽，沿着沟槽着生粉状粉芽，呈条状粉芽堆；下表面黑色，假根周密直达边缘，单一或分枝。子囊盘罕见 [15-16]。[**生境**] 朽木、藓丛、树皮及树枝生。[**分布**] 托木尔峰北坡。

# 『 亚花松萝 *Usnea subfloridana* Stirt. 』

[ **属名** ] 松萝属 *Usnea* Dill.ex Adans. [ **形态** ] 地衣体枝状，高 3~9 cm，微褐色，基盘黑色，主茎黑色，近合轴或合轴分枝，主枝直径达 1.5 mm；皮层横裂，侧枝位于下面部分的略叉开，单一或分枝；表面有众多乳头，乳头细小，与地衣体同色；有粉芽和裂芽；粉芽堆凹入，圆至长圆形，粉芽颗粒状，裂芽发育于粉芽堆中；髓层蛛丝状，轴中实。子囊盘未见[15-16]。[ **生境** ] 多生于朽木上或林中伐木根上。[ **分布** ] 北木扎特河谷地。

1 cm

梅衣科 **Parmeliaceae**

## 『 旱黄梅 *Xanthoparmelia camtschadalis* (Ach.) Hale 』

[ **属名** ] 黄梅属 *Xanthoparmelia* (Vain.) Hale. [ **形态** ] 地衣体叶状，疏松生长在岩面土上，裂片长而狭窄，密集聚生至重叠，二叉分裂至不规则分裂，线形，往上微翘（针状），裂片宽度为 0.5~1.8 (~3.5) mm，上表面为淡绿色至绿色，中央有的部分为黄绿色，有褐色至暗褐色镶边，上表面有光泽，有斑点（亮绿色）；上皮层淡绿色，很薄，厚度为 8~ 15 μm；藻层不均匀，厚度 30~72 μm；髓层白色，厚度 110~141 μm；下皮层淡褐色，厚度 2~22 μm；上表面无裂芽和粉霜；上表面有少量不成熟的分生孢子器，分生孢子器黑色点状、埋生；下表面边缘卷曲呈沟槽状，中央淡色，边缘褐色至淡褐色，假根单一，较短，少量（有的裂片无假根），与地衣体下表面同色。子囊盘未见。[ **生境** ] 生于林下岩石表面土层 [16]。[ **分布** ] 博孜墩、北木扎特河谷地。

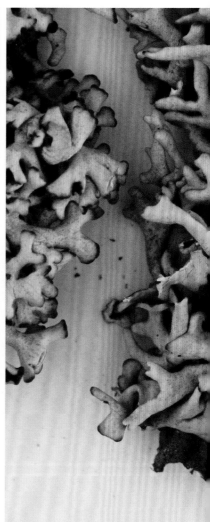

1 cm

## 『 杜瑞氏黄梅 *Xanthoparmelia durietzii* Hale 』

[ 属名 ] 黄梅属 *Xanthoparmelia* (Vain.) Hale. [ 形态 ] 地衣体叶状，裂片不规则分裂或二叉分裂，宽度为 1~3 mm，裂片较紧密相连至重叠，上表面淡黄绿色，末端呈暗褐色，有光泽，有次生小裂片，白斑较明显，无裂芽和粉霜；上皮层淡绿色，厚度为 16~27 μm；藻层不均匀；髓层白色，厚度为 113~194 μm；下表面淡褐色至褐色，中央部分的颜色比较浅，平坦，假根浅褐色，单一不分枝。未见子囊盘和分生孢子器[16]。

[ 生境 ] 岩生。[ 分布 ] 博孜墩、塔克拉克。

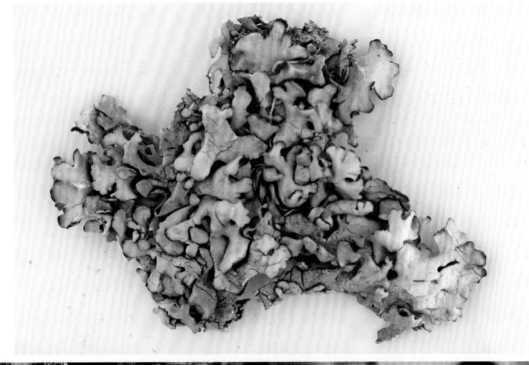

## 『 东方黄梅 *Xanthoparmelia orientalis* Kurok. 』

[ 属名 ] 黄梅属 *Xanthoparmelia* (Vain.) Hale. [ 形态 ] 地衣体亮绿色，中央黄绿色，裂片扁平，紧密贴生于基物，裂片中央鼓起，边缘微光泽，中央部分无光泽，裂片不规则浅裂，裂片中央起皱，有黑色细裂纹，裂片较宽，较长，宽度为 0.5~4 mm，上表面有裂芽，未成熟时亚球状，成熟时短柱状至柱状，分枝，裂芽顶部呈暗绿色，中央部分裂芽多，密集，裂片边缘无裂芽（起皱的部分较多），无白斑和小裂片；上皮层淡绿色，厚度为 18~24 μm；藻层不均匀，厚度为 37~41 μm；髓层白色，厚度为 116~149 μm；下皮层黑色，厚度为 12~21 μm；下表面中央呈黑色，边缘少部分呈暗褐色，有假根，单一，较短，中央较多，与地衣体下表面同色。未见子囊盘[16]。[ 生境 ] 岩生。[ 分布 ] 北木扎特河谷地。

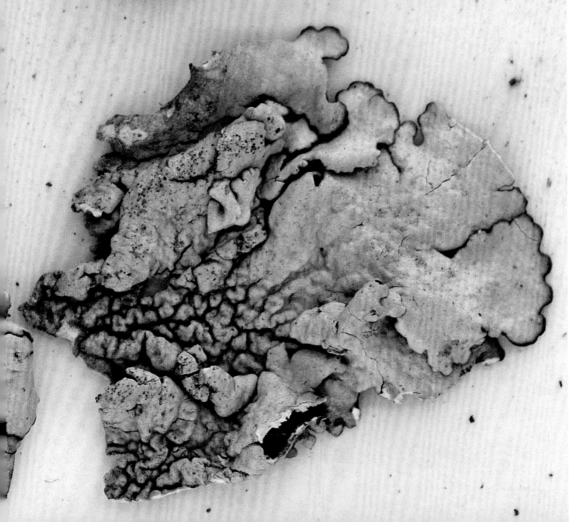

# 『 散生黄梅 *Xanthoparmelia conspersa* (Ehrh. ex Ach.) Hale 』

[**属名**] 黄梅属 *Xanthoparmelia* (Vain.) Hale. [**形态**] 地衣体叶状，较紧密贴生于基物上，裂片连续至重叠成覆瓦状，有的裂片较宽，裂片不规则分裂，亚线性，宽度为 1~3 mm，上表面颜色为淡绿色，边缘为暗褐色至黑色，上表面光泽，平坦，有柱状裂芽，裂芽顶端为暗色，下部分与地衣体同色，有光泽，裂芽分枝至单一，无白斑和粉霜；上皮层淡绿色至灰绿色，较薄，厚度为 10~19 μm；藻层不均匀；髓层白色；下表面黑色，边缘为暗褐色，平坦，微鼓起，光泽，假根黑色，稀少，较短，单一；子囊盘少量，表面生，无柄至有短柄；盘面通常为褐色至暗褐色或者亮褐色；子囊为茶渍型，内含有 8 孢，子囊孢子椭圆形至宽椭圆形，单胞，无色。未见分生孢子器。[**生境**] 生于森林下层开阔地带岩石上。[**分布**] 博孜墩、塔克拉克。

# 『 灰白癞屑衣 *Lepraria incana* (L.) Ach. 』

[ 属名 ] 癞屑衣属 *Lepraria* Ach. nom. cons. [ 形态 ] 地衣体壳状或近粉末状，不整形，无明显的边缘界限，周边不裂开；上表面淡白色或灰白色，无绿色色度。地衣体 K– 或特别弱的淡黄色 I–[16]。[ 生境 ] 树皮上或苔藓上生，个别在朽木上与苔藓伴生。[ 分布 ] 琼台兰河谷地、大库孜巴依、北木扎特河谷地。

# ■ 『 红鳞网衣 *Psora decipiens* (Hedw.) Hoffm. 』

[ **属名** ] 鳞网衣属 *Psora* Hoffm. [ **形态** ] 地衣体鳞片状，鳞片近圆形，阔达 8 mm，边缘有时圆齿状，狭细外卷；上表面平或凹，棕红色，边缘具白色粉霜，外观如白色线条镶边，浓厚的白色粉霜有时盖于鳞片的上表面；下表面白色。子囊盘网衣型，盘面凸起，位于鳞片边缘；子囊 8 孢子，2 列；孢子无色，单胞，椭圆形[15-16]。[ **生境** ] 生于森林空地土壤。[ **分布** ] 大库孜巴依。

# 『 黑红小鳞衣 *Psorula rufonigra* (Tuck.) Gotth. Schneid. 』

[ **属名** ] 小鳞衣属 *Psorula* G. Schneider. [ **形态** ] 地衣体鳞片状，不规则或圆形分裂，较小，鳞片通常阔 0.5~2.0 mm；上表面微褐色或微绿色，微被粉霜，翘起，略凹；裂片常覆瓦状；下表面无皮层，较上表面暗色，有同色假根[16]。子囊盘近缘生，贴生，近黑色，平至凸起；8 孢子。[ **生境** ] 土生。[ **分布** ] 大库孜巴依、小库孜巴依。

# ■『 坚韧胶衣阔叶变种 *Collema tenax* var. *expansum* Degel. 』

[ **属名** ] 胶衣属 *Collema* Wigg. [ **形态** ] 地衣体叶状，圆形，大型，平铺，紧贴基物；上表面橄榄绿色至深橄榄绿色，局部具皱褶，无裂芽与粉霜，无次生小裂片。下表面颜色较淡，假根白色，较浓密，多少绒毯状；裂片宽 3~7 mm，全缘，非肿胀至稍肿胀，常具折扇状皱褶，非皱波。子囊盘众多而密集，贴生于上表面或稍凸出，直径 1~3 mm；盘面平坦或下凹，红色至暗褐色，平滑，无粉霜[16]。[ **生境** ] 和苔藓伴生或岩面藓土生。[ **分布** ] 小库孜巴依、大库孜巴依、塔克拉克。

# 『 鸡冠胶衣原变种 *Collema cristatum* var. *cristatum* (L.) F. H. Wigg. 』

[ **属名** ] 胶衣属 *Collema* Wigg. [ **形态** ] 地衣体叶状，中型至大型，深裂，直径约达 5 cm；上表面暗绿色至黑色，光滑，暗淡或稍具光泽；下表面颜色为橄榄绿色至深橄榄绿色；裂片放射状，全缘或深裂，具皱褶，波状，边缘薄或稍膨大；具边缘生球状裂芽。子囊盘：边缘生，无柄；盘面红色至深红褐色或黑色，光滑，平面至稍内凹或外凸，边缘薄，光滑。子囊棍棒状，内含 8 个孢子；子囊孢子透明无色，椭圆形，两个末端尖至稍钝圆，4 胞至近砖壁形，长达 30 μm，宽达 10 μm。[ **生境** ] 土壤生、和苔藓伴生或岩面藓土生。[ **分布** ] 小库孜巴依、北木扎特河周围森林。

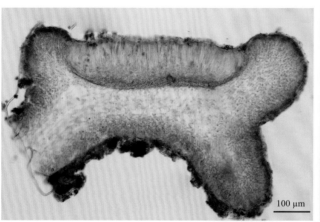
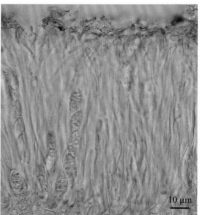

# 『 多果胶衣 *Collema polycarpon* Hoffm. 』

[ **属名** ] 胶衣属 *Collema* Wigg. [ **形态** ] 地衣体叶状，中型至大型，直径达 8 cm，深裂，上表面深橄榄绿色至黑色，暗淡无光泽；下表面颜色较上表面颜色淡；裂片放射状，长，深裂；无裂芽。解剖结构：地衣体的厚度达 235 μm，上下表面无皮层。子囊盘多数，有或无柄，分布在裂片的边缘部分；盘面颜色为红色、红棕色或黑色，光滑，有光泽，平坦至稍凸出。子囊近圆柱形至棍棒状，含 8 个孢子；孢子透明无色，4 胞，近纺锤形，两个末端尖锐或圆形，长达 29.2 μm，宽达 8 μm。[ **生境** ] 通常生长在周期性湿润的微生境上、暴露的钙质或酸性岩石上。[ **分布** ] 小库孜巴依。

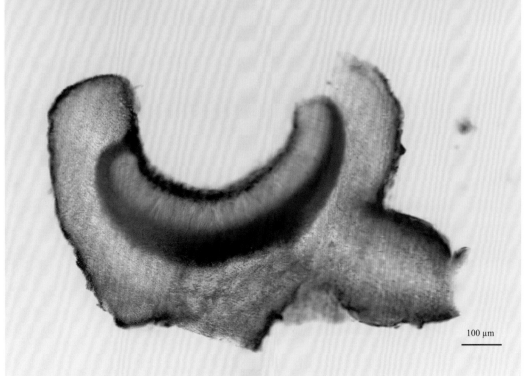

100 μm

## 『 变兰猫耳衣 *Leptogium cyanescens* Körb. 』

[ **属名** ] 猫耳衣属 *Leptogium* (Ach.) Gray. [ **形态** ] 地衣体明显的大型叶状，直径 4~10 cm，附着于基物上面；上表面颜色为蓝灰色，无光泽，光滑或者有皱褶；下表面颜色浅蓝灰色，光滑，具稀疏的白色茸毛；宽圆至不规则形的裂片表面光滑或粗糙，不皱褶，末端圆形，边缘完全或具裂芽，不直立；地衣体表面至边缘有裂芽分布，颜色为蓝灰色，圆柱状或珊瑚状至小裂片状[15-16]。[ **生境** ] 和藓丛伴生。[ **分布** ] 琼台兰河谷地。

50 μm

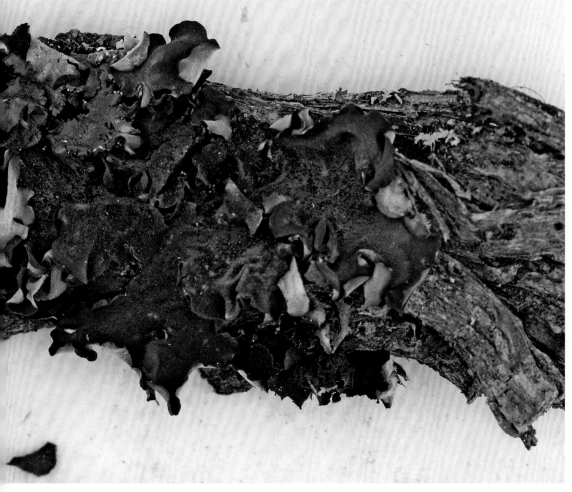

# ■『 土星猫耳衣 *Leptogium saturninum* (Dicks.) Nyl. 』

[ 属名 ] 猫耳衣属 *Leptogium* (Ach.) Gray. [ 形态 ] 地衣体叶状，表面紫黑色或黑色，呈平展状态，边缘有褶皱，上表面可见同色至暗褐色裂芽；下表面可见灰白色茸毛，茸毛长约 0.5 mm，边缘具较狭窄的无茸毛的裸露带，宽 0.8~1 mm，微内卷[15-16]。未见子囊盘。

[ 生境 ] 树生、朽木生。[ 分布 ] 琼台兰河谷地。

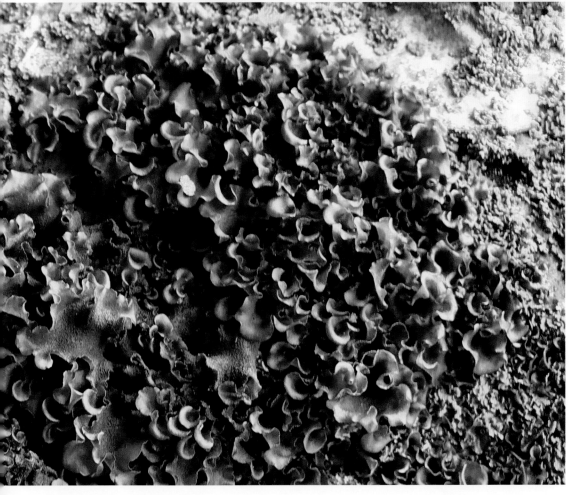

## 『 类盘原鳞衣 *Protopannaria pezizoides* (Weber) P. M. Jørg. & S. Ekman 』

[ 属名 ] 原鳞叶衣属 *Protopannaria* (Gyeln.) P. M. Jørg. & S. Ekman. [ 形态 ] 地衣体为细小的鳞片状，近圆形或不规则状展开，小鳞片呈覆瓦状排列，周边齿状浅裂或深裂，有时细裂为颗粒状；上表面淡褐色至灰色，稍带绿色色度，无粉芽和裂芽，但边缘部位偶尔生有细小的裂片，下地衣体不显著。子囊盘茶渍型，圆盘状，群生，盘面红褐色，平展或稍凸起，盘缘灰色或灰褐色，8 孢子，孢子无色，单胞，近纺锤形[15-16]。[ 生境 ] 生于林下苔藓上。[ 分布 ] 小库孜巴依、北木扎特河谷周围。

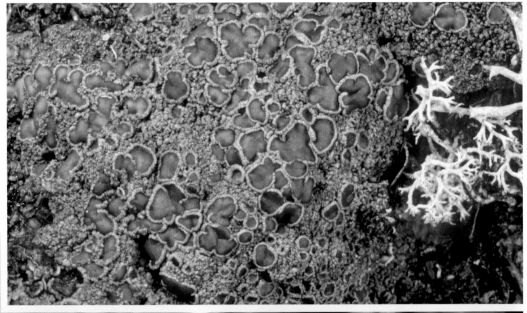

# 『 犬地卷 *Peltigera canina* (L.) Willd. 』

[**属名**] 地卷属 *Peltigera* Willd. nom. cons. [**形态**] 地衣体大型，圆形，平铺，直径 10~20 cm，浅裂或深裂；上表面湿时常蓝黑色，干时灰色、灰棕色至黄褐色，近边缘处密布茸毛，向心逐渐变光滑无茸毛，平滑，无光泽，无粉霜；周缘裂片众多，宽圆，大型，下卷，稀皱波；下表面边缘淡白色至淡黄色，向心逐渐变淡棕色至棕色，具有狭而稍隆起的同色网状脉纹。子囊盘常见，直立于裂片顶部呈马鞍形[15, 16, 35]。[**生境**] 一般多在朽木上与苔藓伴生。[**分布**] 北木扎特河谷、大库孜巴侬。

# 『 盾地卷 *Peltigera collina* (Ach.) Schrad 』

[ **属名** ] 地卷属 *Peltigera* Willd. nom. cons. [ **形态** ] 地衣体叶状，小型或中型，直径 2~4 cm，脆而易碎；裂片较狭，宽 5~8 mm，边缘皱波状；上表面深黄褐色至灰褐色，稍具光泽或无光泽，有皱褶和裂隙；在裂片边缘上和裂隙间生有连续或间断的粉芽堆，呈铅灰色或灰黑色，有时部分粉芽转变成颗粒状裂芽；下表面中央部分呈黑褐色向着边缘渐成淡黄色，脉纹发育微弱，不明显，呈暗黑色，其上生有稀疏黑褐色假根。子囊盘横生于裂片先端的上表面，垂直着生；盘面呈黑褐色或黑色；子囊内含 8 孢；孢子无色，长针形，4~8 胞[35]。[ **生境** ] 生于阴湿阔叶林、树干上或树基部，极少生于地上。[ **分布** ] 北木扎特河谷。

# 『 密茸地卷 *Peltigera coloradoendis* Gyeln. 』

[ **属名** ] 地卷属 *Peltigera* Willd. nom. cons. [ **形态** ] 地衣体叶状，近圆形或不规则状，直径 5~9 cm，周边深裂，裂片相互毗连或重合，边缘波曲稍上卷，顶端近圆形，宽 1~2 cm；上表面灰色或灰褐色，稍带淡蓝色色度，密布茸毛，稍具不裂缝，无粉芽和裂芽；下表面淡白色或淡褐色，具淡褐色明显脉纹，生有同色较长假根。[ **生境** ] 多在地上和苔藓伴生 [15]。[ **分布** ] 北木扎特河谷、大库孜巴依。

# 『 裂边地卷 *Peltigera degenii* Gyeln. 』

[ **属名** ] 地卷属 *Peltigera* Willd. nom. cons [ **形态** ] 地衣体叶状，中型，质较薄，直径 5~11 cm；上表面湿时青绿色，干时淡灰绿色、棕色至褐色，光滑无茸毛，稍具光泽，周缘裂片宽 5~13 mm，长 2~6 cm，其边缘微有皱波，略上仰，无粉芽及裂芽；下表面边缘淡白色，近中部淡黄色至淡棕色，具细而明显隆起的网状脉纹，其上生有单一不分枝的白色至棕色的假根，长达 4~7 mm[15,35]。[ **生境** ] 多于山区林中空地上和苔藓伴生。 [ **分布** ] 北木扎特河谷地。

## 『 平盘软地卷 *Peltigera elizabethae* Gyeln. 』

[ **属名** ] 地卷属 *Peltigera* Willd. nom. cons. [ **形态** ] 地衣体大叶形，直径 5~10 cm，平铺；上表面灰棕色至中央多少深棕色，光滑无茸毛，无粉霜，无粉芽；边缘常呈皱波状，沿边缘及表面裂缝生有秆状或小裂片状裂芽，小裂片多生于裂片边缘；下表面近边缘处淡色，向心逐渐变棕黑色或黑色，无脉纹至具有不明显的宽脉纹。子囊盘平卧于地衣体裂片边缘；盘面棕色，椭圆形，平滑，具光泽或无光泽，无粉霜[15,16,35]。[ **生境** ] 生于地上或和苔藓伴生。[ **分布** ] 北木扎特河谷地。

## 『 **多指地卷** *Peltigera polydactylon* (Neck.) Hoffm. 』

[ **属名** ] 地卷属 *Peltigera* Willd. nom. cons. [ **形态** ] 地衣体叶状，直径 6~15 cm；上表面潮湿时绿色至深蓝绿色，平时淡绿棕色或微灰褐色，光滑无茸毛，有光泽；周围裂片全缘，裂片边缘平铺至上仰，有皱波；下表面白至浅黄色，向心变为深棕色至黑色，脉纹明显，暗褐色至黑色，假根大多丛生，淡褐色，长度达 0.6 cm。子囊盘罕见，垂直着生于半翘起的细长裂片的顶端，呈马鞍形，盘面暗褐色 [16,35]。[ **生境** ] 多于山区林中空地上或朽木上和苔藓伴生。[ **分布** ] 北木扎特河谷地、琼台兰河谷地、大库孜巴依。

## ▊『 分指地卷 *Peltigera didactyla* (With.) J. R. Laundon 』

[ **属名** ] 地卷属 *Peltigera* Willd. nom. cons. [ **形态** ] 地衣体叶状，小型至中型，由一至多个裂片组成，裂片狭长，阔约 10 mm，顶端向上卷曲，呈猫耳状，直径 3~12 cm；上表面平时黄绿色、棕色、灰褐色，至少近边缘处被有蛛丝状茸毛，粗糙或平滑，无光泽；下表面淡白色，略有淡粉红色度，具暗褐色网状脉纹及同色假根。子囊盘位于狭长裂片顶端，呈马鞍形，较小，不超过 5 mm[16,35]。[ **生境** ] 藓土生、朽木生（苔藓伴生）。[ **分布** ] 大库孜巴依、小库孜巴依。

# 『 裂芽地卷 *Peltigera praetextata* (Sommerf.) Zopf. 』

[ **属名** ] 地卷属 *Peltigera* Willd. nom. cons. [ **形态** ] 地衣体叶状，上表面暗或微褐灰色，边缘以茸毛覆盖，向心变光滑无茸毛，无光泽，周缘裂片宽 1~1.5 cm，长 5~7.5 cm，边缘下卷，平卧或上卷，在边缘和裂缝处常分布有鳞片状或珊瑚状的裂芽；下表面具有明显的网状脉纹，向心变深棕色，其上分布有 3.5~6 mm 长的假根，靠近边缘淡褐色，向心渐变成灰褐色，单一不分枝。子囊盘常见，直立型，马鞍形至半管状[15,16,35]。
[ **生境** ] 生于地上或朽木上或和苔藓伴生。[ **分布** ] 北木扎特河谷、琼台兰河谷地。

## 『 地卷 *Peltigera rufescens* (Weiss) Humb. 』

[ **属名** ] 地卷属 *Peltigera* Willd. nom. cons. [ **形态** ] 地衣体叶状，中型，直径为 4~10 cm，稍厚，裂片稍狭长，宽度不超过 1~1.5 cm，上表面边缘覆以茸毛，近中央光滑无茸毛，无光泽，有时被有粉霜层，周缘裂片宽 4~8 mm，边缘具皱波，上卷，常碎裂成小鳞片或具有小裂片；下表面脉纹细而稍隆起，中央逐渐变黑，其上生有 2~4 mm 长的假根，近中央深棕色至黑色，画笔状至柔毛状多分枝，并相互交织成织毡状。子囊盘多见，横生于裂片先端上表面，马鞍形翘起，直径 5~7 mm；盘面向内卷成筒状，盘面黑色；子囊内含 8 孢，孢子无色，长针形，孢子 (55~75) μm×(3.5~6) μm[15,16,35]。[ **生境** ] 林下岩石土层或和苔藓伴生。[ **分布** ] 大库孜巴依、北木扎特河谷周边。

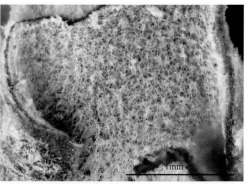

# ■ 『 地图衣 *Rhizocarpon geographicum* (L.) DC. 』

[ **属名** ] 地图衣属 *Rhizocarpon* Ram ex Lam. & DC. [ **形态** ] 地衣体壳状，黄绿色，粗糙；裂片龟裂，不规则状；下地衣体明显，黑色；子囊盘黑色，不规则状，位于龟裂片之间。子囊盘网衣型，子实上层深褐色，囊层基浅黄色；子囊棒状，8 孢；子囊孢子淡绿色，砖壁型，至少 3 横隔，6~15 胞，(27~31) μm×(8~12) μm；侧丝分枝 [16]。[ **生境** ] 高山岩生。[ **分布** ] 大库孜巴依、琼台兰河谷地。

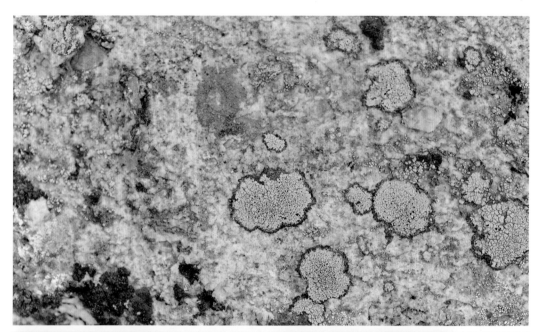

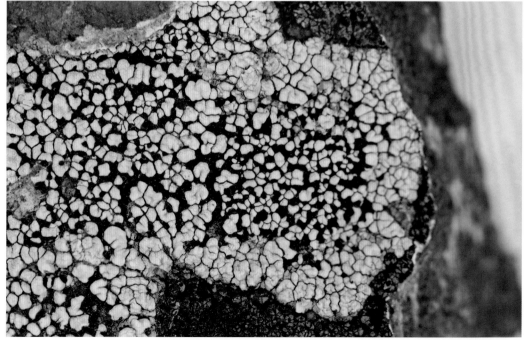

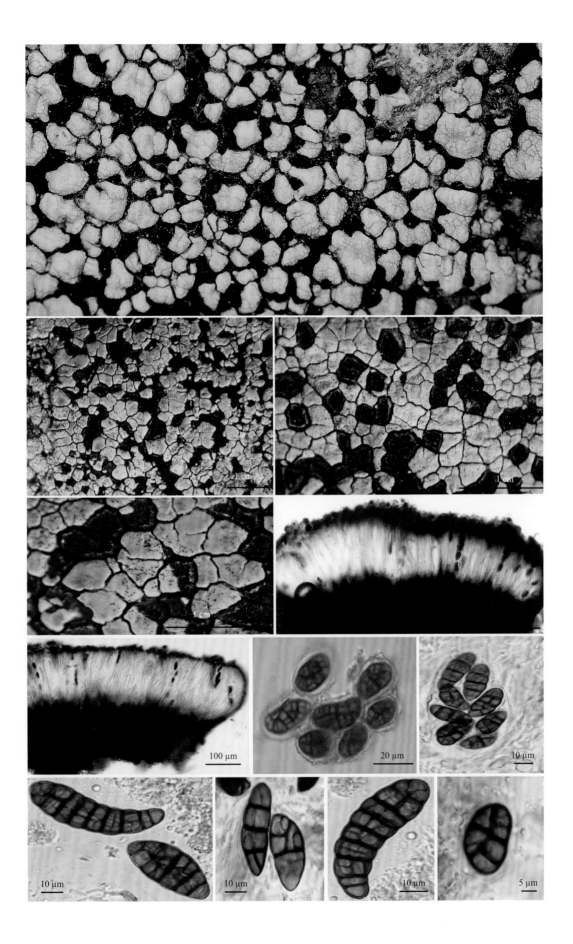

## 『 乌绿地图衣 *Rhizocarpon viridiatrum* (Wulf.) Körb. 』

[ **属名** ] 地图衣属 *Rhizocarpon* Ram ex Lam. & DC. [ **形态** ] 地衣体黄绿色，疣状龟裂，下地衣体未见。子囊盘直径 0.5~1.0 mm；子囊盘黑色，裸露，初平，具有较细的壳缘，后凸起，缘部消失；囊层被褐色，囊层基赤褐色或暗褐色；子囊 8 孢子；孢子褐色[15]。[ **生境** ] 分布于山地上的岩石。[ **分布** ] 大库孜巴依、小库孜巴依。

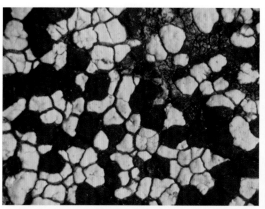
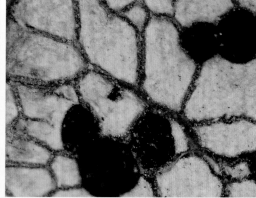

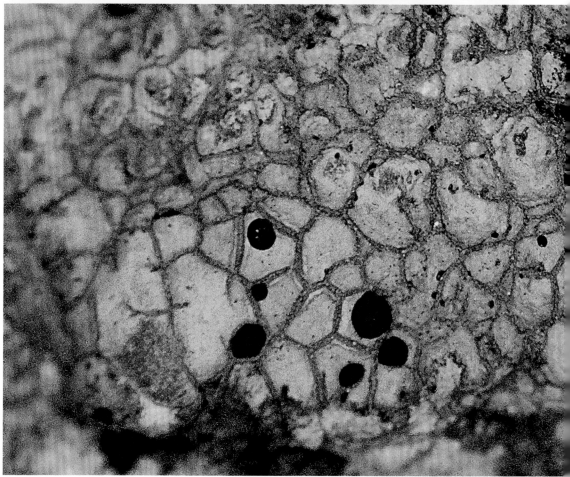

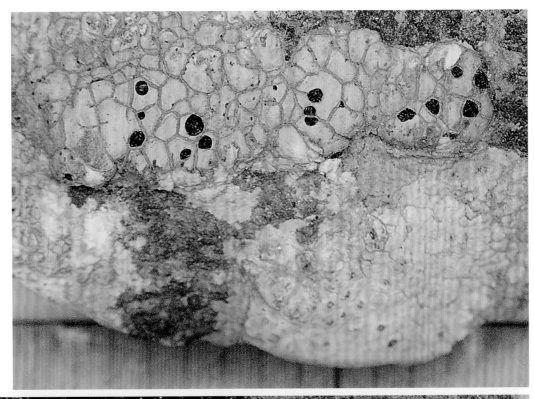

4.96 mm

# 『 类石地图衣 *Rhizocarpon eupetraeoides* Bolmb. & Forssell 』

[ **属名** ] 地图衣属 *Rhizocarpon* Ram ex Lam. & DC. [ **形态** ] 地衣体壳状，不规则状展开，直径 3~5 cm，偶尔连片状生长；上表面黄绿色，带有淡白色色度，类似于具有一层较细的粉末，网状龟裂，小区划呈近圆形或不规则多角形，直径 0.4~1.3 mm；下地衣体黑色，形成黑线状边缘[15]。[ **生境** ] 分布于山地上的岩石。[ **分布** ] 大库孜巴依。

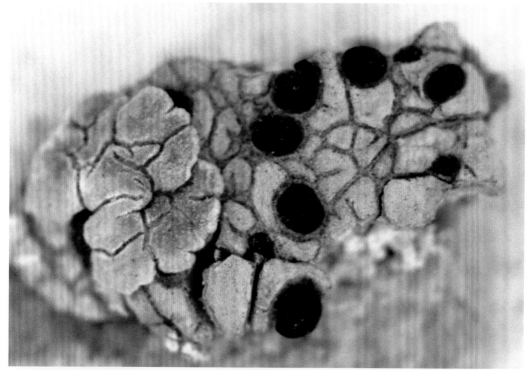

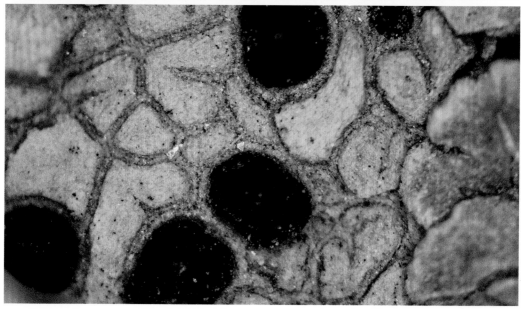

# ■ 『 类锈美衣 *Calogaya ferrugineoides* (H. Magn.) Arup, Frödén & Søchting 』

[ **属名** ] 美衣属 *Calogaya* Arup, Frödén & Søchting. [ **形态** ] 地衣体未见，子囊盘散生，无柄，直径一般在 0.38~0.58 cm，盘面亮锈色，平展；子囊 8 孢子；子囊孢子椭圆形。子囊盘 K+ 紫红色[16]。[ **生境** ] 生于山地森林下层朽木、树皮上，偶尔在树枝上。[ **分布** ] 大库孜巴依。

# 『 莲座美衣 *Calogaya decipiens* (Arnold) Arup, Frödén & Søchting 』

[ **属名** ] 美衣属 *Calogaya* Arup, Frödén & Søchting. [ **形态** ] 地衣体放射状，直径达 3 cm，橙黄色或柠檬黄色，被霜，有粉芽；裂片连续，凸起，顶端常加阔并缺刻锯齿状或掌状；地衣体中部裂缝裂片扭曲或多疣，往往粉质；粉芽堆圆形或汇聚，主要汇聚于地衣体中部。子囊盘罕见[16]。[ **生境** ] 山地岩生。[ **分布** ] 塔克拉克、大库孜巴依。

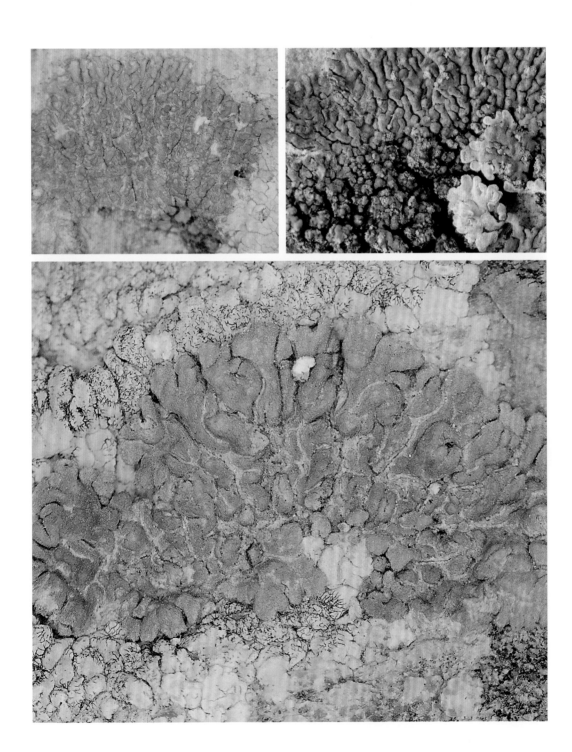

## 『 蜂窝橙衣 *Caloplaca scrobiculata* H. Magn. 』

[ **属名** ] 橙衣属 *Caloplaca* Th. Fr. [ **形态** ] 地衣体金黄色，较厚，紧贴于基物，连续，周围裂片短，凸起，长 1~1.6 mm，阔 0.4~1.2 mm，不规则，多少缺刻状；地衣体中部疣状龟裂，龟裂片阔 0.5~1 mm，多数为圆形，有时出现缺刻状，凸起，较粗糙；龟裂片和裂片的上表面均多少为蜂窝状。子囊盘局部稀少或周密，子囊盘直径为 0.5mm，盘面金黄锈色，缘部多少凸起[16]。[ **生境** ] 在山坡和森林开阔区域的岩石上分布。[ **分布** ] 塔克拉克、大库孜巴依。

# 『 多变橙衣 *Caloplaca variabilis* (Pers.) Müll. Arg. 』

[属名]橙衣属*Caloplaca* Th. Fr. [形态]地衣体壳状，灰色至深灰色；子囊盘无柄，圆形至具棱角，盘面深灰色至黑色，有时可见粉霜，盘缘与地衣体同色或浅。子囊盘茶渍型，子囊8孢；子囊孢子无色，对极型双胞，(15~20) μm×(7.5~10) μm；侧丝具隔，顶端略膨大。[生境]岩生。[分布]塔克拉克、大库孜巴依。

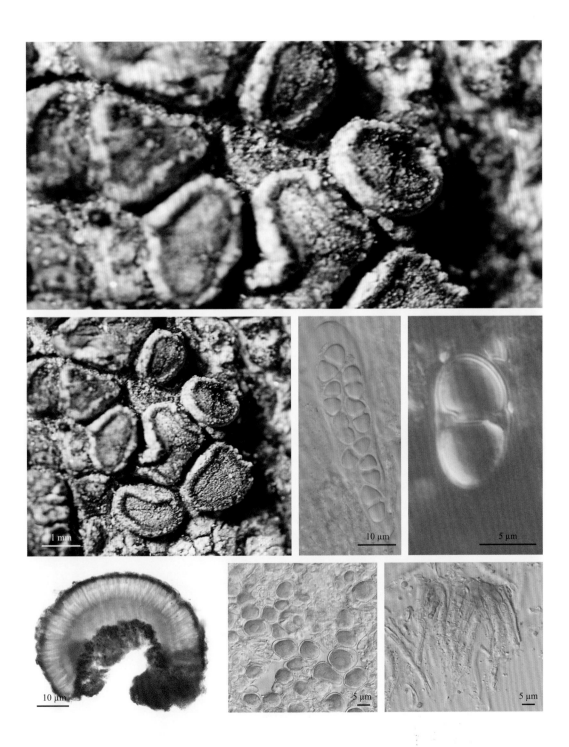

## 『 卷黄粒 *Leproplaca cirrochroa* (Ach.) Arup, Frödén & Søchting 』

[ **属名** ] 黄粒属 *Leproplaca* (Nyl.) Nyl. [ **形态** ] 地衣体放射状，直径达 2.8 cm，亮橙黄色或柠檬黄色至微褐黄色；裂片狭窄，凸起，不分叉或不规则分叉，在顶端有细圆齿，被霜；具有圆形、柠檬黄色的粉芽堆，位置趋向于裂片的基部；地衣体中部疣状龟裂。子囊盘未见。[ **生境** ] 岩生。[ **分布** ] 巴依里。

1 mm

# 『 丽黄鳞 *Rusavskia elegans* (Link) Th. Fr. 』

[属名] 黄鳞衣属*Rusavskia* S. Y. Kondr. & Kärnefelt. [形态] 地衣体叶状，较小，近圆形；裂片狭长，放射状排列；上表面黄色至橘红色，下表面近白色。子囊盘圆盘状，0.5~1.5 mm，盘缘全缘，与地衣体同色或稍浅。子囊盘茶渍型，囊盘被浅黄色，子实层无色，40~60 μm，囊层基无色；子囊棒状；子囊孢子椭圆形，(11~16) μm×(5~7) μm；侧丝单一，不分枝，具隔[15-16]。[生境] 岩生。[分布] 小库孜巴依、大库孜巴依、巴依里、琼台兰河山谷。

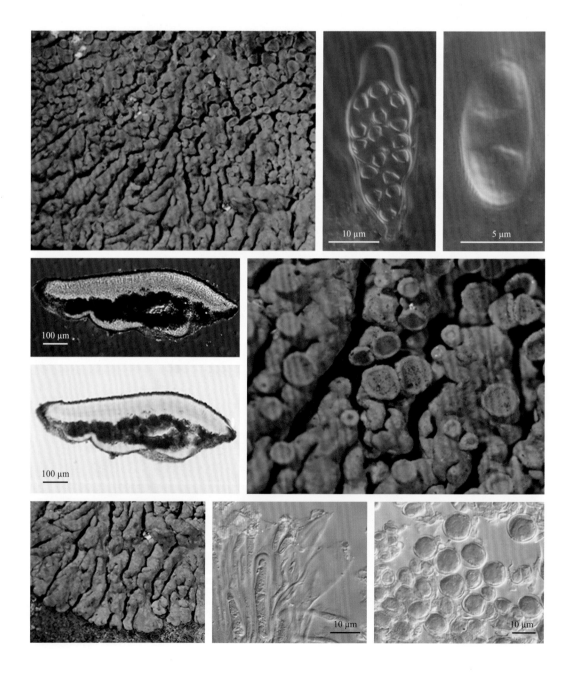

## 『 拟奥克衣 *Oxneria fallax* (Arnold) S. Y. Kondr. & Karnefelt 』

[ 属名 ] 奥克衣属 *Oxneria* S. Y. Kondr. & Karnefelt. [ 形态 ] 地衣体深橘黄色至微绿黄色，紧密贴着，阔 1~2.6 cm；裂片阔 1 mm 左右或者比较窄，沿着边缘和裂片顶端附近有粉芽，下表面白色，散生假根。未见子囊盘。[ 生境 ] 树生。[ 分布 ] 托木尔峰北坡、北木扎特河谷。

# 『 耳盘网衣 *Lecidea auriculata* Th.Fr. 』

[ **属名** ] 网衣属 *Lecidea* Ach. [ **形态** ] 地衣体壳状，淡灰色至灰色，龟裂。子囊盘黑色，贴生，基部缢缩。盘平展，偶尔被薄的粉霜覆盖，壳缘与盘同色，高出并不规则弯曲。[ **生境** ] 岩生。[ **分布** ] 博孜墩、大库孜巴依。

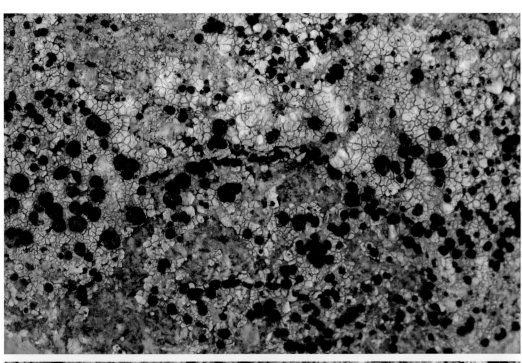

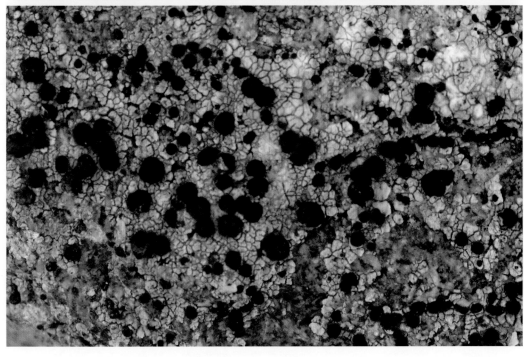

# ■『 甘肃网衣 *Lecidea kansuensis* H. Magn. 』

[ **属名** ] 网衣属 *Lecidea* Ach. [ **形态** ] 地衣体薄，淡褐灰色，细颗粒状，下地衣体细，多少微黑色。子囊盘细小，阔 0.5 mm，凸起，淡褐黑色，裸露，有时两个连在一起，缘部不可见。[ **生境** ] 岩生。[ **分布** ] 小库孜巴依。

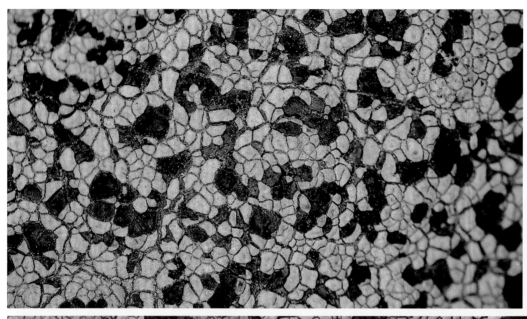

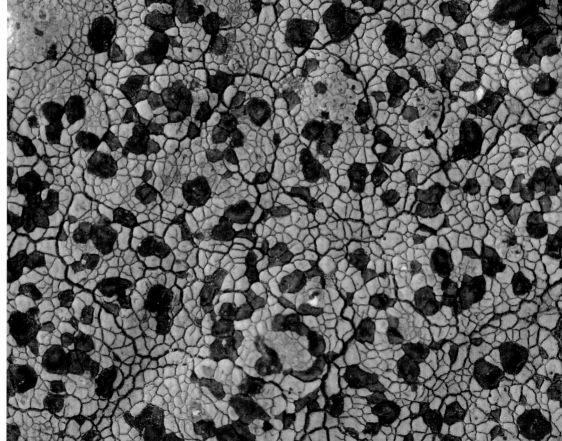

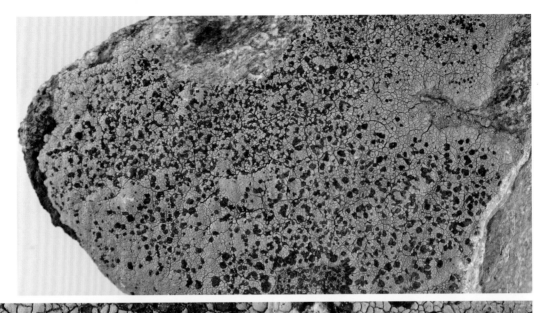

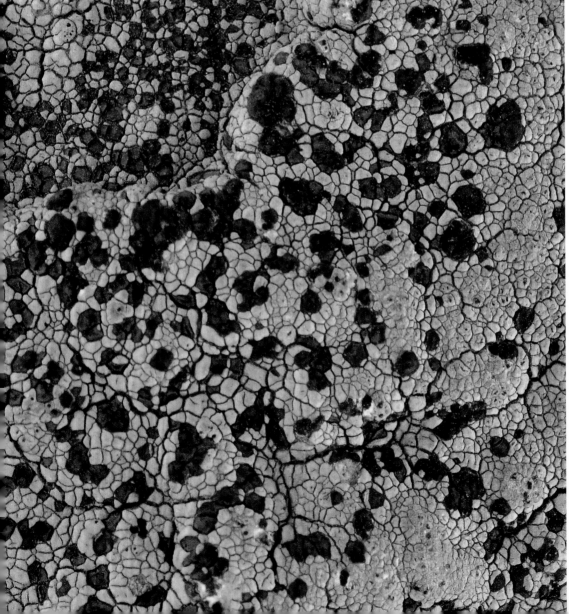

# 『 方斑网衣 *Lecidea tessellata* Flörke 』

[**属名**] 网衣属*Lecidea* Ach. [**形态**] 地衣体壳状，发达，地衣体连续有裂痕，较厚，白灰色，裂片表面浅裂且表面小粉粒状，有黑色下地衣体分布于裂片之间和地衣体边缘。子囊盘黑色，贴生或半埋生，无柄，聚生，成熟时盘缘明显；子囊盘直径0.5~1.5mm。上子实层呈棕色，厚12~25 μm；子实层透明，厚50~65 μm；下子实层透明，厚25~80μm；囊层基呈透明至浅黄色，厚35~65 μm；具有囊盘被，囊盘被不区分内外，呈黑色至深墨绿色，厚12~20 μm；子囊长椭圆形，内具8孢；孢子透明，宽椭圆形，(4.5~6.5) μm×(7~11) μm；侧丝不分枝，顶部略膨大。[**生境**] 岩生。[**分布**] 大库孜巴依、小库孜巴依。

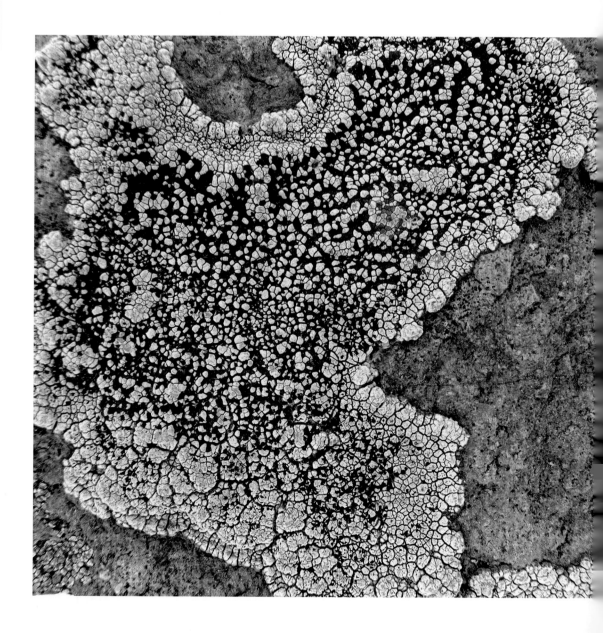

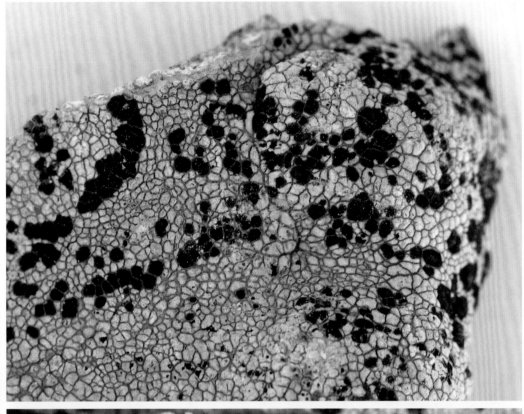

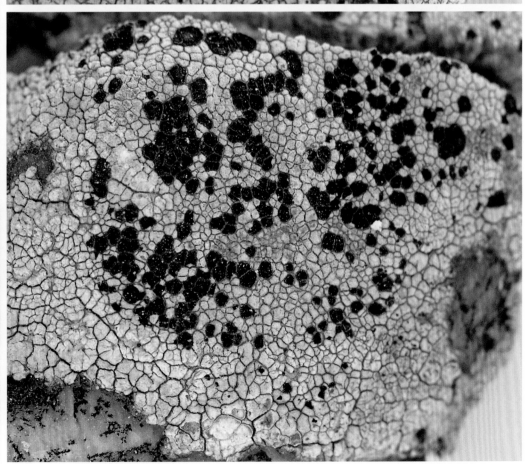

## 『 藓生双缘衣 *Diploschistes muscorum* (Scop.) R. Sant. 』

[ 属名 ] 双缘衣属 *Diploschistes* Norm. [ 形态 ] 地衣体壳状，黄白色（奶白色），小疣状或颗粒，厚约 0.5 mm；地衣体上皮层厚 32.84~47.11 μm，藻层厚 79.22~110.04 μm，髓层厚 98.82~138.41 μm。子囊盘双缘型，盘面灰色、深灰色，有深灰黑色突起状附属结构，盘面与地衣体平或略凹。子囊盘 0.5~1 mm，常多个聚生成花瓣状，多个聚生时宽可达 1 cm。子囊 4~8 孢；孢子砖壁型多胞，无色至淡褐色，(21.04~31.48) μm×(10.62~17.05) μm[15-16]。[ 生境 ] 生于森林下层空地岩石上土层或和苔藓伴生。[ 分布 ] 小库孜巴依、北木扎特河谷。

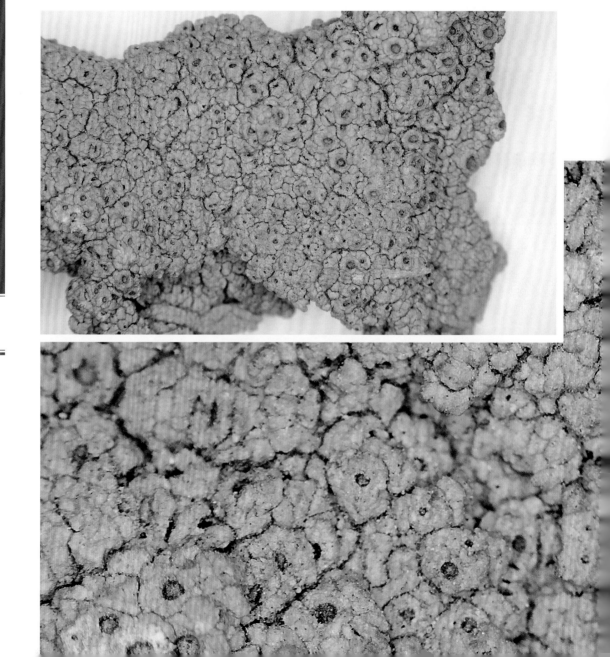

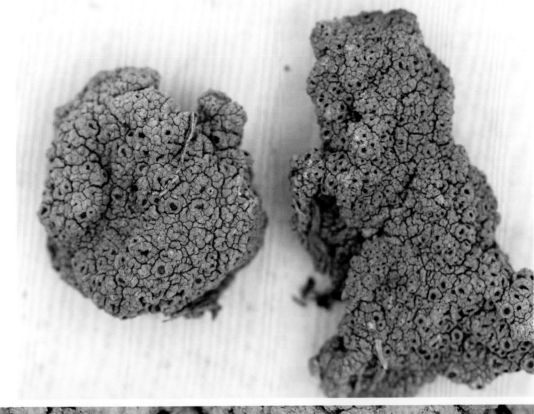

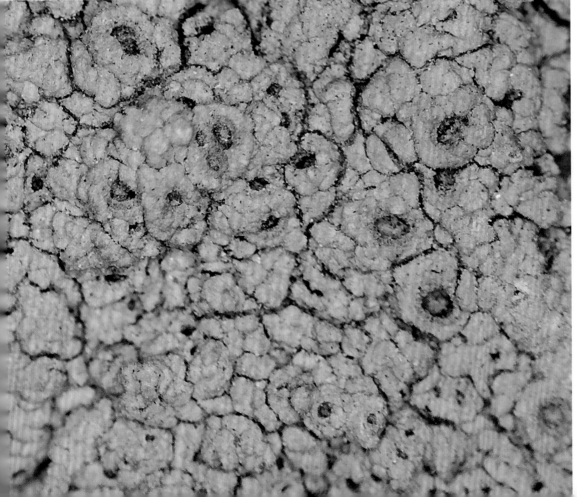

## 『 **双缘衣** *Diploschistes scruposus* (Schreb.) Norm. 』

[ **属名** ] 双缘衣属 *Diploschistes* Norm. [ **形态** ] 地衣体壳状，裂片龟裂，不规则状，淡绿色至灰绿色；子囊盘圆形，盘坛状，埋生，盘面表面可见粉霜。子囊盘茶渍型，子实层97~141 μm，囊基层无色，9~14 μm；子囊 4~8 孢；孢子 (25~42) μm×(9~17) μm，横隔4~7 个，纵隔 1~3 个 [15-16]。[ **生境** ] 生于森林下层空地岩石上土层或和苔藓伴生。[ **分布** ] 小库孜巴依、北木扎特河谷。

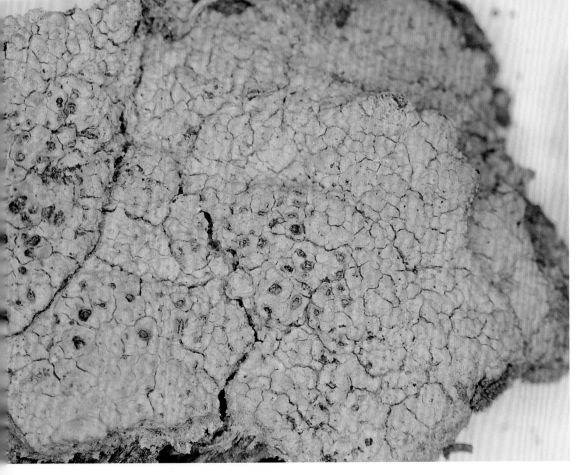

# 『 茎口果粉衣 *Chaenotheca stemonea* (Ach.) Müll. Arg. 』

[ 属名 ] 口果粉衣属 *Chaenotheca* Th. Fr. [ 形态 ] 地衣体粉粒状，十分细薄，蓝灰绿色，有时黄绿色；下地衣体微白色，不甚明显。果柄常分枝，黑色，有光泽，或褐色，被淡黄色粉霜。子囊盘球形；孢丝粉淡黄褐色；孢子圆形，褐色，共生藻为裂丝藻[16]。

[ 生境 ] 生于林下潮湿的朽木上。[ 分布 ] 小库孜巴侬。

## 『 **亚洲平茶渍** *Aspicilia asiatica* (H. Magn.) Yoshim. 』

[**属名**]平茶渍属*Aspicilia* Massal. [**形态**]地衣体表面无光泽，通常平滑，多少明显微黄色，明显或不明显粉质；子囊盘凹陷，常不规则形，具有锐角，并被霜，有时被暗色的、被霜的厚的缘部所围绕[16]。[**生境**]岩生。[**分布**]塔克拉克。

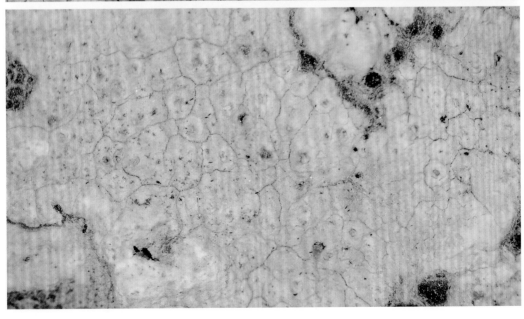

## 『 包氏平茶渍 *Aspicilia bohlinii* (H. Magn.) J. C. Wei 』

[ **属名** ] 平茶渍属 *Aspicilia* Massal. [ **形态** ] 地衣体圆形，周围多少明显地分裂，蓝灰色，疣状龟裂，周围薄，中部适度加厚，表面被霜，地衣体髓层淡赭白色，在裂缝间可见；子囊盘仅少数发育，但多数在龟裂片顶端凹陷如黑色小点 [16]。[ **生境** ] 岩生。[ **分布** ] 博孜墩、塔克拉克、托木尔峰北坡。

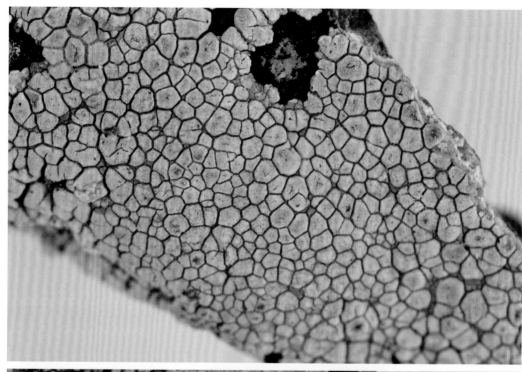

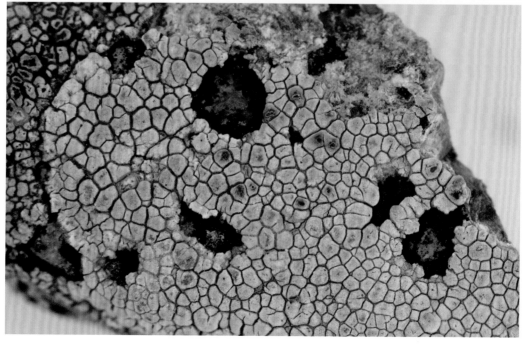

# 『 彩斑平茶渍 *Aspicilia exuberans* (H. Magn.) J. C.Wei 』

[ **属名** ] 平茶渍属 *Aspicilia* Massal. [ **形态** ] 壳状地衣，地衣体龟裂状，边缘呈辐射状，扁平至轻微凸起，连续至不连续分布，紧贴基物生长，厚度为 0.1 mm 左右，无前地衣体；裂片较小，呈圆形至不规则形，大小为 0.2~0.5 mm，裂片之间较紧密，上表面白色，粗糙、无光泽；子囊盘平，茶渍型，较小，子囊盘数量较少，集中分布，直径为 0.4~1.0 mm，一个裂片上有 1~3 个子囊盘，子囊盘高于地衣体，近圆形或不规则形；盘面灰黑色，凹陷，有少量粉霜，盘缘不明显，颜色与地衣体同色[16]。[ **生境** ] 岩生。[ **分布** ] 小库孜巴依、塔克拉克。

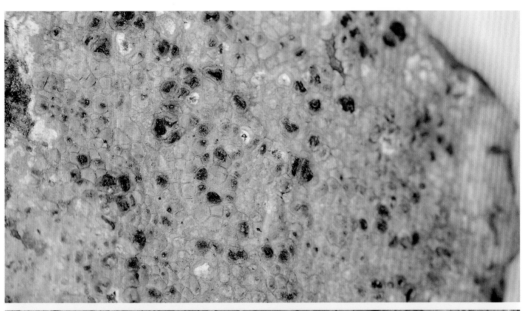

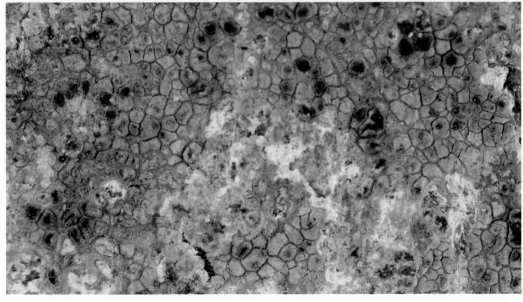

# 『 亚白平茶渍 *Aspicilia subalbicans* (H. Magn.) J. C.Wei 』

[属名] 平茶渍属 *Aspicilia* Massal. [形态] 地衣体微白色，疣状龟裂，厚 0.4~0.7 mm，连续，在边缘部分近分裂，其余部分有非常不规则的、阔 0.7~1.3 mm 的龟裂片；龟裂片在基部连续，而地衣体不平坦，并局部变形。子囊盘稀少，初期埋生，成熟后多少升起；子囊盘平，黑色，缘部厚而凸起[16]。[生境] 岩生。[分布] 塔克拉克、托木尔峰北坡。

# 『 亚兰灰平茶渍 *Aspicilia subcaesia* (H. Magn.) J. C.Wei 』

[**属名**]平茶渍属*Aspicilia* Massal. [**形态**]地衣体平壳状,龟裂,厚度不均匀,厚度0.2~1.0 mm;地衣体边缘呈亚辐射状,紧贴基物,中央稍凸起,边缘扁平;龟裂片形状不规则,具圆角至棱角,直径0.4~1.2 mm;各裂片之间浅裂;表面灰色至灰白色,并伴有蓝色色调,较光滑,具光泽,不附着粉霜;前地衣体明显,黑灰色;具有死皮层,无色,厚度为8~16 μm,上皮层黑褐色至橄榄色,长度范围25~37 μm[16]。[**生境**]岩生。[**分布**]博孜墩、托木尔峰北坡。

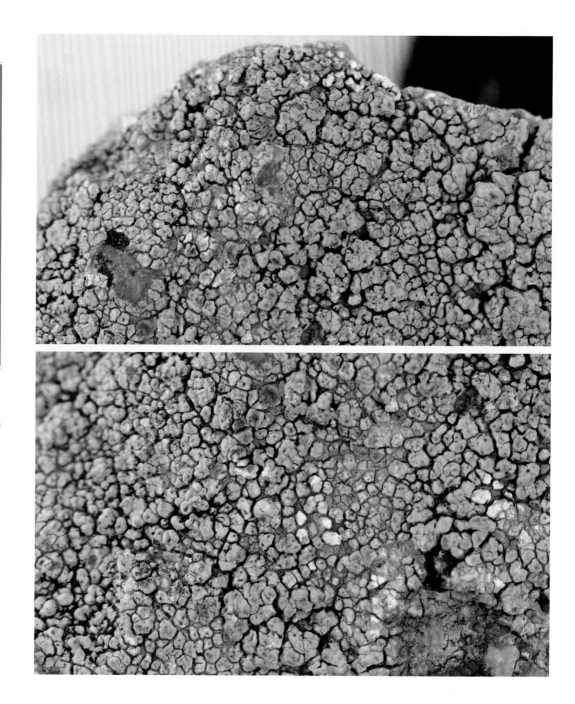

# 『 拟亚洲平茶渍 *Aspicilia hartliana* (J. Steiner) Hue 』

[**属名**] 平茶渍属 *Aspicilia* Massal. [**形态**] 地衣体小型，莲座丛，比较厚；在中部龟裂状，在周围具有密集的裂片，为细的放射状裂缝所隔离，白色、污白色或淡褐白色，被霜或裸露；中部龟裂片有棱角或圆角，微凸起至疣状。子囊盘埋生于龟裂片中[16]。
[**生境**] 岩生。[**分布**] 小库孜巴依、塔克拉克、托木尔峰北坡。

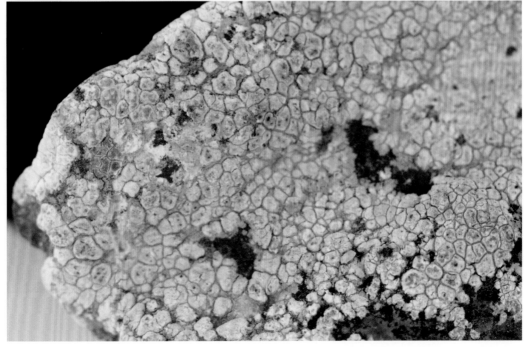

## 『 粉瓣茶衣 *Lobothallia alphoplaca* (Wahlenb.) Hafellner 』

[ **属名** ] 瓣茶衣属 *Lobothallia* (Clauzade & Cl. Roux). [ **形态** ] 壳状地衣，地衣体疣状或泡状，较厚，厚度可达 1 mm；裂片非常密集地重叠在一起。上表面污白色，略带铁锈色，粗糙如白色颗粒状，地衣体边缘的裂片下部呈绿色。子囊盘茶渍型，圆形至不规则形，较大，直径在 0.2~0.4 mm，贴生在地衣体上，在群落中部分布非常密集，盘面深褐色至黑褐色，有轻微的粉霜，有时裂开呈花瓣状。盘缘明显，与地衣体同色。上子实层黄褐色，厚度为 16~24 μm，子实层无色或淡黄色，厚度为 104~130 μm。子囊棍棒状，含有 8 个孢子，大小为 (71~118) μm×(15~27) μm。侧丝不分枝，分隔，顶端黄褐色，念珠状，顶端宽度为 4.6~5 μm，侧丝直径为 2~3.2 μm；孢子无色，透明，阔椭圆形单胞，含许多小油滴，大小为 (7.5~11) μm×(10~14) μm。[ **生境** ] 岩生。[ **分布** ] 小库孜巴依、塔克拉克。

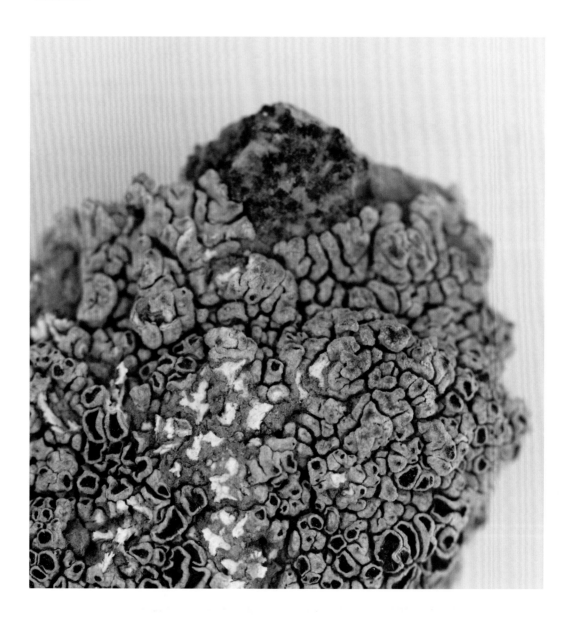

# 『 小疣巨孢衣 *Megaspora verrucosa* (Ach.) Hafellner & V. Wirth 』

[**属名**] 巨孢衣属 *Megaspora* (Clauz. & Roux). [**形态**] 地衣体壳状，灰白色，多疣和鳞状。子囊盘埋生于疣内，盘圆，直径 0.5~1.5 mm，盘面凸起，黑色，常被白霜，托缘厚；孢子单胞，无色，较大，(30~50) μm×(15~34) μm，壁厚 2.2~3.1 μm[16]。[**生境**] 岩石上的土壤或腐木生。[**分布**] 塔克拉克。

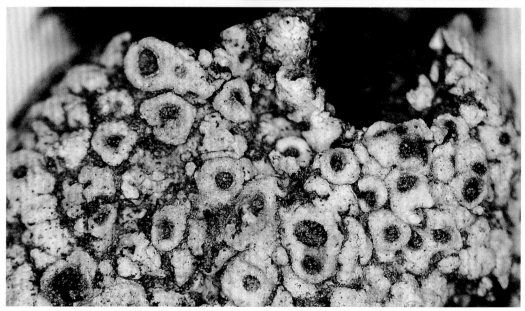

# ■『 赭白平茶渍 *Aspicilia ochraceoalba* (H. Magn.) J. C.Wei 』

[ **属名** ] 平茶渍属 *Aspicilia* Massal. [ **形态** ] 地衣体有限，亚圆形，龟裂片凸或非常凸，单个或几个连在一起，使地衣体呈现出不平坦的泡状凸起的形态；淡赭灰色或赭白色；龟裂片表面亚粉状或有时粗糙。子囊盘分散，稀少分布在地衣体的某些部分，有时几个在一个大的龟裂片中[16]。[ **生境** ] 岩生。[ **分布** ] 博孜墩。

# 『淡肤根石耳 *Umbilicaria virginis* Schaer.』

[**属名**] 石耳属 *Umbilicaria* Hoffm. [**形态**] 地衣体叶状，近圆形；上表面淡灰色至深灰色，有时可见灰白色粉霜，具褶皱；下表面白色或浅褐色，带粉色调，边缘浅褐色至褐色，具脐，可见大量密集生长假根，假根单一，不分枝。子囊盘可见，盘面黑色，埋生，0.5~2 mm。子囊盘网衣型；子囊孢子椭圆形[15-16]。[**生境**] 岩生。[**分布**] 北木扎特河谷。

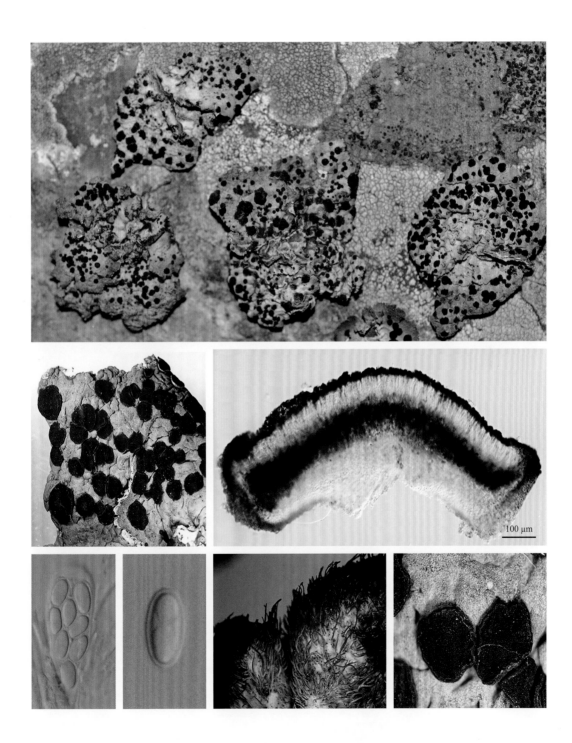

# 『 黑小极衣 *Lichinella nigritella* (Lettau) P. P. Moreno & Egea 』

[属名]小极衣属 *Lichinella* Nyl. [形态]地衣体小叶状，黑色，硬质，湿润时呈黑绿色，略软；直立呈丛状，高约0.4 cm，每个小丛宽为1 cm左右；小叶片尖端钝圆，宽至2mm。共生藻为蓝绿藻，未见子囊盘。[生境]岩生。[分布]大库孜巴依。

## 『 双孢散盘衣 *Solorina bispora* Nyl. 』

[ **属名** ] 散盘衣属 *Solorina* Ach. [ **形态** ] 地衣体近圆形，小叶状，直径 1.5~5 cm；上表面具皮层，灰褐色，被白色至灰白色厚的粉霜层，较粗糙；下表面无皮层，灰白色，具淡褐色不清楚的脉纹。子囊盘面生，圆形，埋生，呈明显的凹坑状，直径达 2 mm，盘面暗红色至栗褐色；小型叶体常于中部生一个子囊盘；子囊 2 孢子，孢子椭圆形，褐色，双胞[15-16]。[ **生境** ] 生于藓土层、石浮土、岩石裂缝中，或与苔藓伴生。[ **分布** ] 琼台兰河谷地。

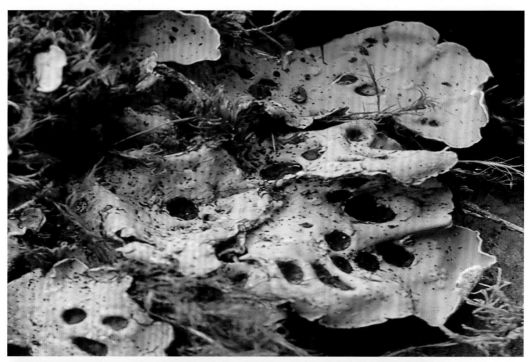

## ■『网原胚衣 *Protoblastenia areolata* H. Magn.』

[**属名**] 原胚衣属 *Protoblastenia* Stein. [**形态**] 地衣体有限，淡赭黄色、赭黄色，龟裂，龟裂片稍厚，近不规则，有棱角，多少平坦。子囊盘众多，位于龟裂片中，轻微凸起，无缘部，平滑而光亮。[**生境**] 岩生。[**分布**] 大库孜巴依。

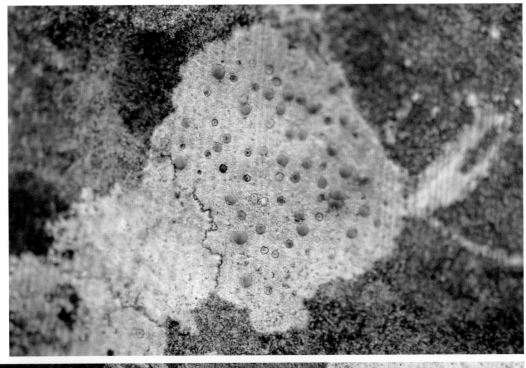

# 参考文献

[1] 魏鑫丽,邓红,魏江春.中国地衣的濒危等级评估[J].生物多样性,2020,28(1): 54-65.

[2] ZACHARIAH S A, SCARIA K V. The lichen symbiosis: A review[J]. International Journal of Scientific Research and Reviews, 2018, 7(3): 1160-1169.

[3] SPRIBILLE T, TUOVINEN V, Resl P, et al. Basidiomycete yeasts in the cortex of ascomycete macrolichens[J]. Science, 2016, 353: 488-491.

[4] LÜCKING R, HODKINSON B P, LEAVITT S D. The 2016 classification of lichenized fungi in the Ascomycota and Basidiomycota—Approaching one thousand genera[J]. Bryologist, 2017, 119: 361-416.

[5] HAWKSWORTH D L. The fungal dimension of biodiversity: magnitude, significance, and conservation[J]. Mycological Research, 1991, 6: 641-655.

[6] KIRK P M, CANNON P F, Minter D W, et al. Dictionary of the Fungi. 10th edn[M]. CAB International, Wallingford, 2008.

[7] WEI J C. The Enumeration of Lichenized Fungi in China[M]. China Forestry Publishing House: Beijing, 2020.

[8] TUMUR A, MAMUT R, MARK R D SEAWARD. An updated checklist of lichens of Xinjiang Province[①], China[J]. Herzogia, 2021, 34(1): 62-92.

[9] ELENKIN A A. Lichens florae Rossiae et regionum confinium orientalium, Fascicle1[J]. Acta Horti Petropolitani, 1901, 19: 1-52.

[10] 刘慎谔.中国北部及西部植物地理概论[J].北平研究院植物学研究所丛刊,1934, 2(9): 423-451.

[11] ZHU Y C. Note preliminaries sur les lichens de Chine[J]. Contributions from the Institute of Botany National Academy of Beiping, 1935, 3: 299-322.

[12] MAGNUSSON A H. Lichens from Central Asia I [M]// HEDIN S. Reports Scientific Expedition North-west provinces of China (the Sino-Swedish expedition): Publication. 13, XI. Botany, 1. Stockholm: Bokforlags Aktiebolaget Thule, 1940: 1-68.

[13] MOREAU F, MOREAU F. Lichens de China[J]. Review Bryology et Lichenology, 1951, 20: 183-199.

[14] 赵继鼎.中国梅花衣属的初步研究[J].植物分类学报,1964, 9(2): 139-166.

[15] 王先业.天山托木尔峰地区的地衣[M]//中国科学院登山科学考察队,天山托木尔峰地区的生物.乌鲁木齐:新疆人民出版社,1985: 28-353.

---

① Xinjiang Uygur Autonomous Region.

[16] 阿不都拉·阿巴斯, 吴继农. 新疆地衣 [M]. 乌鲁木齐: 新疆科技卫生出版社, 1998.

[17] 艾尼瓦尔·吐米尔, 阿不都拉·阿巴斯. 托木尔峰自然保护区地衣的补充研究 [J]. 干旱区研究, 2000, 17(3): 20-28.

[18] WIJAYAWARDENE N N, HYDE K D, AL ANI L K T, et al. Outline of fungi and fungus-like taxa[J]. Mycosphere, 2020, 11(1): 1060-1456.

[19] WIJAYAWARDENE N N, HYDE K D, LUMBSCH H T, et al. Outline of Adcomycota: 2017[J]. Fungal Diversity, 2018, 88: 167-263.

[20] LUMBSCH H T, HUHNDORF S M. Outline of Ascomycota[J]. Myconet, 2007, 13: 1-58.

[21] HIBBETT D S, BINDER M, BISCHOFF J F, et al. A higher-level phylogenetic classification of the fungi[J]. Mycol Res, 2007, 111: 509-547.

[22] HALE M E. The Biology of Lichens (3rd edn)[M]. London: Edward Arnold, 1983.

[23] HAWKSWORTH D L, HILL D J. The Lichen-forming Fungi[M]. Glasgow: Blackie, 1984.

[24] NASH Ⅲ T H. Lichen Biology (Second edition)[M]. New York: Cambridge University Press, 1996.

[25] CHEN J, BLUME H, BEYER L. Weathering of rocks induced by lichen colonization-A review[J]. Catena, 2000, 39: 121-146.

[26] BRODO I M, SHARNOFF S D, SHARNOFF S. Lichens of North America[M]. New Haven: Yale University Press, 2001.

[27] SEAWARD M R D. Lichen Ecology[M]. Pittsburgh: Academic Press, 1997.

[28] 刘慧, 其曼古丽·吐尔洪, 热衣木·马木提, 等. 地衣标本的采集、制作、鉴定及保存 [J]. 价值工程, 2012, 31(1): 297-298.

[29] 邓红, 魏江春. 地衣标本的采集、制作与保存 [J]. 菌物学报, 2007, 5(1): 55-58.

[30] 陈舒泛. 怎样制作土生地衣标本 [J]. 生物学通报, 1987(6): 48.

[31] 王立松, 钱子刚. 中国药用地衣图鉴 [M]. 昆明: 云南科技出版社, 2013.

[32] 丁恒山. 中外药用孢子植物资源志要 [M]. 贵阳: 贵州科技出版社, 2010.

[33] 拉扎提·努尔太. 新疆微孢衣科地衣的分类学研究 [D]. 乌鲁木齐: 新疆大学, 2019.

[34] 阿衣努尔·吐松. 新疆饼干衣属及其近缘属地衣的分类学初步研究 [D]. 乌鲁木齐: 新疆大学, 2020.

[35] 吴继农, 刘华杰. 中国地衣志 第十一卷 地卷目（1）[M]. 北京: 科学出版社, 2012.

2023 年 7 月在托木尔峰国家级自然保护区进行野外考察

2015 年 8 月在托木尔峰国家级自然保护区进行野外考察

岩生地衣群落（壳状地衣）

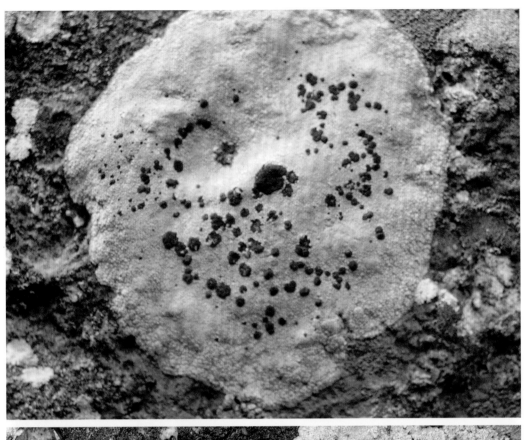

岩生地衣群落（壳状地衣）（续）

地卷

石蕊

地面生地衣群落

壳状地衣

叶状地衣

朽木生地衣群落

林下和苔藓伴生的叶状蓝藻型地衣

叶状地衣

壳状地衣

**土生地衣群落**